CCF科普阅读推荐图书

我们世界中的 计算机

白话
网络安全

翟立东 编著

U0267833

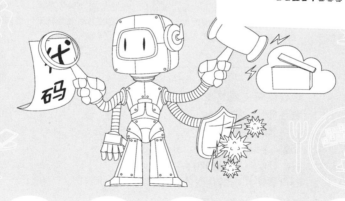

人民邮电出版社

北　京

图书在版编目（CIP）数据

白话网络安全 / 翟立东编著. -- 北京：人民邮电
出版社，2021.10（2023.12重印）
ISBN 978-7-115-56715-4

Ⅰ. ①白… Ⅱ. ①翟… Ⅲ. ①计算机网络—网络安全
Ⅳ. ①TP393.08

中国版本图书馆CIP数据核字(2021)第118965号

内 容 提 要

本书汇集了"大东话安全"团队多年从事网络安全科普活动的经验和成果。全书采用轻松活泼的对话体形式，以技术专家大东和新手小白的对话为载体，用 32 个故事向读者介绍网络安全知识。全书共分为 5 篇："病毒初现"篇介绍了计算机病毒的原理，并以典型病毒为例进行深入分析；"魔道相长"篇介绍了网络世界中典型的攻击手段；"正者无敌"篇介绍了最新的反击技术和手段；"新生安全"篇主要介绍脱离伴生安全理念的新生安全的典型代表，包括金融安全、大数据安全、区块链安全等；"隐逸江湖"篇介绍了与大众生活息息相关的黑色产业链、黑客大会等内容。

本书适合所有对网络安全感兴趣的读者阅读，特别适合在网络空间安全、计算机技术等领域有一定基础的大学生们，通过阅读此书这些读者可以了解网络安全的学科体系。本书同样可以帮助非专业的读者朋友们掌握一定的网络安全知识，提高网络安全防范意识。相信本书可以带领读者走进网络安全的世界。

◆ 编　　著　翟立东
　 责任编辑　赵祥妮
　 责任印制　陈　犇

◆ 人民邮电出版社出版发行　　北京市丰台区成寿寺路 11 号
　 邮编　100164　电子邮件　315@ptpress.com.cn
　 网址　https://www.ptpress.com.cn
　 固安县铭成印刷有限公司印刷

◆ 开本：880×1230　1/32
　 印张：9.75　　　　　　　　2021 年 10 月第 1 版
　 字数：208 千字　　　　　　2023 年 12 月河北第 10 次印刷

定价：69.90 元

读者服务热线：(010)81055410　印装质量热线：(010)81055316
反盗版热线：(010)81055315
广告经营许可证：京东市监广登字 20170147 号

序言

　　现代教育理念相比于传统教育模式，俨然变化巨大。各种新技术手段、新展示方式以及随着技术变革而出现的课程设计新思路，让教育行业朝气蓬勃。作为人才培养的引擎，教育的推陈出新无疑是适配整个行业生态日就月将的重要源动力和不竭内驱力。一名合格的教育工作者，既不能哗众取宠般盲目追"新"，也不能故步自封、拒绝创新。

　　教育就是一棵树摇动另一棵树，一朵云推动另一朵云，一个灵魂唤醒另一个灵魂。因而真正的创新教育，应如"梨花院落溶溶月"般润物化雨，又似"灭烛怜光满，披衣觉露滋"般含蓄蕴藉。在某种意义上，"大东话安全"团队的新型科普教育理念与网络空间安全（一般简称网络安全）通识教育的交融以及对它的重塑，可以使之焕发出"清于老凤声"的生机与活力。

　　百年大计，教育先行。网络安全的科普教育工作自然也是网络安全人才强国战略的重要一环。"大东话安全"系列文章正是网络安全新型科普教育的先行者。

　　在大东和小白两个人物的生动演绎下，历经三年有余的创作，

"大东话安全"团队已经在中国科学院（简称中科院）官方微信公众号中科院之声、中科院计算技术研究所官方微信公众号、中国网络空间安全协会官方微信公众号等各大科技类媒体平台连载网络安全科普文章百余篇，并走进了中国科学院大学、北京小学、中关村中学、义乌工商职业技术学院等院校的网络安全通识课的课堂，积累了丰富的教学经验。三年的积淀，见证了团队夙兴夜寐、披荆斩棘的躬耕笃行，也让"大东话安全"团队更加步履坚实。

怀着对网络安全科普教育事业的热爱，以及对我国通识教育的殷切憧憬，"大东话安全"团队凝结集体智慧编写了本书。本书不仅融合了"大东话安全"团队三年的教学经验积累、网络安全入门级的学习方法，更保留了"大东话安全"系列科普文章风趣诙谐、老少咸宜的写作风格。这并不是一本艰深晦涩的教科书，而是真正帮你入门、助你成长的良师益友。凡开卷皆有益，翻翻吧，你不会失望的。

王元卓

2021 年 7 月

前言

1 网络安全科普的重要性

习近平总书记指出："没有网络安全就没有国家安全。"层出不穷的网络安全事件说明，网络安全不光是科学家和工程师要关心的事，更关乎广大人民群众的切身利益，如果处理不当，会影响社会经济稳定，乃至影响国家安全。

网络空间安全的重要性不言而喻。这些年发生的网络安全事件，绝大部分是由于人们的网络空间安全意识淡漠引发的：在国家层面，有震网病毒事件；在企业和个人层面，有层出不穷的钓鱼网站、恶意邮件、勒索病毒等。网络诈骗事件在辨识能力不足、认知水平不高的青少年、老年人群体中也屡屡发生。

这些现象表明，网络安全的科普，关乎着人民的生命财产安全和社会稳定，是一个亟需发展的学科领域。伴随着网络安全学科的发展，网络安全的科普工作也一直在进行。"大东话安全"团队一直是网络安全科普的践行者。"大东话安全"团队将三年多来的科普推广成果的经验，以及团队在新型科普道路上的人才培养、国际合作、科普价值输送、培训和评价设计等方向的探索整理为网络安全科普素材，旨在为整个网络安全科普行业的发展提供借鉴，为行业生态的良性发展尽绵薄之力。

② 本书的特点

网络安全科普一直伴随着网络安全学科的发展而发展，特别是2018 年教育部将"网络空间安全"（一般简称网络安全）增设为一级学科之后，相关的科普工作方兴未艾，成为科普领域一颗冉冉升起的明星。然而，传统的网络安全科普工作普遍存在着素材时效性较差、内容艰深、系统思维缺乏、展示形式单一等问题。传统网络安全科普图书虽然也注重以典型案例为行文线索，但案例缺乏时效性；信息安全和网络安全学科本身的难度容易让爱好者望而生畏；网络安全科普工作中常会出现一些空泛而晦涩的概念性论述，且与真正的网络安全生态系统现状有很大的差距，读者纵然遍览群书，也是两脚书橱、纸上谈兵；展示形式遵循传统写法，篇幅冗长，不符合当前年轻人的阅读习惯。

当今新形态教材的概念席卷了大学校园。但是，所谓的"新"，绝不应该是流于浅表地强调多媒体手段，除了录制微课视频、采取多媒体的辅助展示方法等"新形态"外，更应该真正站在学生的立场上，思考学生真正需要的表现形式，充分尊重大学生的知识结构和学习特点。如果能够将当代大学生的学习特点与需要的表现形式恰到好处地融合起来，那将是千万大学生的福祉，更是网络安全科普行业的幸事。

那么，哪种表现形式才是真正适合大学生或大众读者消化、掌握知识的载体呢？"大东话安全"团队经过三年的笃实探索和调研，发现这个问题可以从一些传播力、影响力很强的作品中找到答案。

若论中国的教育著作，首推《论语》。这部语录体著作历经两千多年的沉淀，仍然广为传颂，焕发着与时俱进的生机，被很多学校和教育机构推崇。究其原因，主要是其语录体和对话文体的表现形式，很容易清晰地再现当年孔子与学生的教学场景。在后世的教育过程中，教师们可以较为从容地教授书中的语录体知识，并结合切身经历发挥和演绎；同时，学生也更容易在脑海中还原和联想。这样的学习方法，对教师和学生来说都是非常容易接受的。

作品的生命力在于传播的持久度和广泛度，语录体的表现形式与现代媒体技术的结合，无疑缩短了现代科普作品的迭代周期。于是乎，各种人们耳熟能详的科普书籍和科普品牌纷至沓来，这些活灵活现的作品很多都以语录体为主要形式，一部分融入了漫画等更加新颖、诙谐的表现方式，与读者加强了感情关联，拉近了距离。

无论是传世经典《论语》，还是其他对话体作品都给我们以启发：真正的学习，需要场景的还原；而对话体恰似场景的"罐头"，不需要添加防腐剂，也能够有效保鲜，当读者开启的一刹那，就能够享受到知识的饕餮盛宴。

"大东话安全"团队也正是受此启发，开创了对话体网络安全新型科普的先例。以大东和小白两个性格迥异、个性鲜明的角色为线索，演绎出一系列网络安全知识的学习对白。大东是技术专家，有一点点"迂阔"，总爱讲一些技术性的难题；而小白是个技术新手，总能够提出读者们非常关注的巧妙问题，把大东"好为人师"的潜力激发出来，将无数艰深晦涩的术语和概念讲解得透彻、通俗易懂。

作者及其团队在创作过程中，针对一个技术点，常常会提出 10 余个问题，并且会在大学校园中以问卷调查形式征询在校大学生最关注的问题。这些筛选后的问题正是本书的素材来源之一，以确保小白提出的问题具有代表性和典型性。

❸ 本书的阅读建议和适用人群

肯定有读者会问与本书最适配的学习方法是什么。这个当然因人而异，笔者只是站在教师的教学视角提供一个建议：首先通读全书，然后以小白提出的问题为脉络，仔细体会大东的回答。限于篇幅，书中的每篇文章不能面面俱到，只作窥豹之管，读者若想更深层次地了解网络安全的乾坤，可以根据书中提供的线索继续在图书馆或网络中搜寻。科普作品的意义在于帮助读者建立兴趣，跨过那个看似高不可攀的知识门槛。兴趣永远是最好的老师，跨过那个门槛，你会发现你可以获得更多。

另一个读者普遍关注的问题是，究竟哪些人适合根据本书展开学习。首先是在校大学生（包括研究生），对于网络安全或信息安全等专业的同学，在上大学之前如果未曾接触过相关知识，可以以本书为接口进入网络安全世界；对于计算机、网络类相关专业的学生，通过本书了解与安全相关的专业知识，势必也会对你本专业的学习提升大有裨益；对于非计算机、网络类专业的学生，本书可以作为你零基础进阶的平台，带你徜徉网络安全的奇妙江湖，如果有志于跨专业深造，本书更会有幸成为你了解网络安全学科体系的第一本书。

当然，本书的读者绝对不局限于大学生读者，因为科普的宗旨在于惠及大众，并不对学历设限。"大东话安全"团队已在北京小学、中关村中学、中国科学院大学、义乌工商职业技术学院等院校开设过网络安全通识类课程，具有丰富的跨学龄段教育经验，本书也具有面向全年龄段科普的特点。中小学生既可以独立阅读本书，也可以在父母的引导下阅读，这样可以从小培养网络安全素养。

如果你是社会人士，更应该翻开本书。在当今时代，网络已经成为基础设施，很多经济行为已经转移到互联网上，因此，所有人都需要懂一些网络安全知识——就好比在社会上生存，总要了解一些防盗、防火知识一样。

"不是道人来引笑，周情孔思正追寻。"相信本书能够成为一把钥匙，助你打开网络安全世界的大门。

4 本书内容介绍

本书的正文分为 5 篇，分别是"病毒初现""魔道相长""正者无敌""新生安全""隐逸江湖",代表了5块重点介绍的知识。下面分篇进行介绍。

🌑 **第1篇 病毒初现:** 主要介绍计算机病毒的原理,并以几种典型的病毒为例深入分析。

🌑 **第2篇 魔道相长:** 主要介绍除计算机病毒以外的一些典型攻击手段,如DDoS攻击、短信嗅探、逻辑炸弹等。

🌑 **第3篇 正者无敌:** 主要介绍与计算机病毒的搏斗,如杀毒、CTF比赛等。

🌑 **第4篇 新生安全:** 主要介绍脱离伴生安全理念的新生安全的典型代表,包括金融安全、大数据安全、区块链安全等。

🌑 **第5篇 隐逸江湖:** 主要介绍一些与大众生活息息相关的知识,包括黑色产业链、黑客大会等。

5 致谢

在此感谢中国科学院信息工程研究所(简称中科院信工所)、中国科学院计算技术研究所各位专家、同仁的指导,感谢中科院之声、中国网络空间安全协会、中国计算机学会等官方微信公众平台媒体的传播。感谢王元卓、吴晶、陈蕴哲、俞能海、黄鹏等朋友的校阅,感谢中科院信工所各位老师和同事的悉心关怀,感谢担任本书执行主编的张旅阳,感谢郑昕、谭智文、杜雨鑫、洪全、宋世文、王晨、刘茹悦、赵洋、陈曦、都丽丽等的支持,感谢李俊、王鹏等老师的校对,感谢"大东话安全"团队其他师生的支持，感谢各位专家朋友，感谢人民邮电出版社的各位编辑，感谢陪伴"大东话安全"一路走来的产业界朋友们，感谢自媒体专栏读者们的帮助。因为你们，才有《白话网络安全》的问世。读者在阅读过程中产生的灵感或者遇到的问题，都可以向我们反馈。欢迎搜索并关注"大东话安全"微信公众号，随时与我们交流互动。

翟立东
"大东话安全"团队
2021 年 7 月

目录

📝 第1篇 病毒初现

01 江湖第一魔道 002
◎病毒

02 史上最复杂的计算机蠕虫病毒 011
◎Flame 蠕虫病毒

03 "性感"的病毒 020
◎MSN 性感鸡病毒

04 千禧年的千年虫 029
◎千年虫问题

05 凶猛的病毒 038
◎极虎病毒

06 擅于伪装的潜伏者 048
◎木马

07 影响范围最大的 Bug 058
◎黑屏

✍ 第 2 篇　魔道相长

08　眼睛一闭一睁，盘缠没了，嚎—— 　　　　　　068
　　◎ 短信嗅探

09　被人用搜索引擎蹭热度的"我院" 　　　　　　078
　　◎ 网站镜像

10　从《复仇者联盟 4》中的"时间劫持"到流量劫持　087
　　◎ 流量劫持

11　坚决守护"位置隐私"第一道防线 　　　　　　097
　　◎ 位置隐私

12　探针如何让你的手机隐私秒变小透明 　　　　105
　　◎ Wi-Fi 探针

13　单挑 VS 群殴 　　　　　　　　　　　　　　115
　　◎ DDoS 攻击

14　网络空间中的定时炸弹 　　　　　　　　　　124
　　◎ 逻辑炸弹

✍ 第 3 篇　正者无敌

15　"那些年"与计算机病毒的"搏斗" 　　　　　132
　　◎ 杀毒

16　网络安全界的争夺赛 　　　　　　　　　　　140
　　◎ CTF

17　嘘，你的网页被复制了　　　　　　　　149

◎爬虫和反爬虫

18　长期潜伏的恶意商业间谍　　　　　　　159

◎APT

✎第4篇　新生安全

19　Gozi 银行木马——邪恶的化身　　　　170

◎金融安全

20　天下没有免费的大侠　　　　　　　　179

◎大数据安全

21　一大波"僵尸车队"正在靠近　　　　　188

◎物联网安全

22　一瓶酒"助攻"地球流浪　　　　　　　197

◎人工智能安全

23　千里之堤，毁于蚁穴　　　　　　　　206

◎供应链安全

24　关乎民生的"中枢神经"安全　　　　　216

◎工控安全

25　为软件看家的加密狗　　　　　　　　226

◎区块链安全

26 "波音"事故不寻常，致命的漏洞你怕了吗？ 235
◎航空安全

27 SIM 卡出现的巨大漏洞"绑架"你的手机了吗？ 244
◎移动安全

28 隔墙有耳——你身边的窃听风云 250
◎数据安全

第5篇 隐逸江湖

29 从某站被入侵了解黑产运行 258
◎拖库、撞库、洗库

30 多少钱你愿意"卖号"？ 267
◎黑色产业链

31 世界"最顶级"的黑客会议 276
◎黑客大会

32 "黑客世界"探秘 285
◎黑客世界

后记 294

第1篇

病毒初现

　　计算机病毒的骤然出世，掀起了网络空间安全（一般简称网络安全）江湖的惊涛骇浪。说起病毒，它并不是最早出现的恶意软件，但其传播速度快、自我复制能力强，成为影响最恶劣的恶意软件之一，所以也被戏称为"江湖第一魔道"。千年虫、Flame 蠕虫、MSN 性感鸡、极虎，凡此种种，各自演绎了一段段精彩的江湖传说，令网络安全从业者不得不时时警醒。通过病毒这一部分内容的学习，读者朋友们可以了解恶意软件的基本概念，为后续的"魔道相长"篇奠定学习基础。

江湖第一魔道

知己知彼，百战不殆。

NO.1 小白剧场

小白 东哥，现在的计算机病毒就像有了智慧一样，越来越难对付，难道它们也有人工智能了吗？

大东 哈哈，为了生存，小小的病毒也要不断学习升级啊！那我考考你，计算机病毒常分为哪几种啊？

小白 木马、蠕虫之类的？东哥，你说说吧，我不太确定。

大东 计算机病毒常分为文件病毒、引导型病毒、多裂变病毒、隐蔽病毒、异形病毒等。

小白 哦哦，确实是，嘿嘿！

大东 那你知道它们都有什么特点吗？

小白 容易传播，不容易被发现？

大东 你说得很对，但不是很全面，具体特点包括繁殖性、破坏性、传染性、潜伏性、隐蔽性、可触发性。

小白 原来是这样，不愧是我东哥！

大东 哈哈，过奖！

NO.2 话说事件

小白　说到计算机病毒，东哥给我讲几个病毒的例子呗!

大东　20 世纪 80 年代有一种凶恶的计算机病毒。

小白　是"大麻病毒"吗?

大东　不错啊，小白，知道的也不少啊!

小白　那可不，师傅教得好! 东哥，那你给我讲一讲这个"大麻病毒"吧!

大东　"大麻病毒"又叫"新西兰病毒"，是一种磁盘操作系统（Disk Operating System，DOS）引导型病毒。这种病毒能感染磁盘的引导扇区，所以叫引导型病毒。

小白　这种病毒有什么特点呢?

大东　这种病毒程序短小精悍，只几百字节的程序，却可以完成驻留内存、截取中断向量、区分软硬盘等动作，并以此来感染不同的引导扇区。

小白　这么强大! 那它攻击时有什么现象呢?

大东　它攻击的时候，计算机屏幕上会显示一行字"Your PC is now Stoned.Legalize Marijuana."大意为你的计算机已经感染了病毒。

小白　那它开始传播之后我们该如何防御呢?

大东　20 世纪 80 年代末，计算机病毒传入我国，我国公安部立即发布了第一款杀毒软件产品——"KILL"。

小白　这个产品在当时有什么样的意义呢?

大东 "KILL"成为我国反病毒软件行业的先驱者、创造者，产品立足于本地化病毒的查杀，为我国软件产品保驾护航。

小白 我们国家好棒啊！东哥，你再给我讲一讲我们国家与病毒的斗争历程吧！

大东 好的！我就跟你说一说计算机病毒的那些事儿吧。

NO.3 大话始末

大东 病毒随着计算机的发展也在自我升级。自从第一个计算机病毒爆发以来，病毒的种类越来越多，破坏力也越来越强。

小白 那病毒最开始是什么样子的呢？

大东 20 世纪 80 年代初，计算机病毒只存在于实验室中。尽管也有一些病毒传播了出去，但绝大多数都被研究人员严格地控制在了实验室中。但之后病毒便渐渐失控。

小白 第一代病毒是什么时候产生的呢？

大东 病毒的萌芽期和滋生期是在 1986 年至 1989 年之间。

小白 这一时期的病毒的主要特点是什么呢？

大东 由于当时应用软件少，而且大多是单机运行环境，因此病毒没有大量流行，种类也很有限，清除病毒相对比较容易。

小白 初期病毒的攻击目标是什么呢？

大东 计算机病毒在这一时期的攻击目标很单纯，主要是感染磁盘引导扇区，或者是感染可执行文件，且感染特征比较明显。

小白 哈哈，好稚嫩的"初代小恶魔"！那 1989 年之后，病毒是不是就变得难对付了?

大东　当然啦!计算机在发展,病毒也在升级。病毒编制者千方百计地躲避反病毒产品的分析、检测和解毒,从而出现了第二代计算机病毒。第二代计算机病毒称为混合型病毒(又称为"超级病毒")。

小白　那时候计算机还不是很普及,人们的网络安全意识还不是很强,是不是病毒很容易就得手了?

大东　没错,此阶段的病毒无情肆虐!

小白　那病毒这时的攻击目标是什么呢?

大东　这时病毒的攻击目标趋于混合型,一种病毒既可感染磁盘引导扇区,又可感染可执行文件,并采取更为隐蔽的方法驻留内存和感染目标。它们往往拥有自我保护措施,增加了检测、杀毒的难度。

小白　那反病毒软件有没有什么发展呢?

大东　由于病毒的发展,产生了第一代反病毒引擎——检验法。该方法只能判断系统是否被病毒感染,并不具备病毒清除能力。

小白　单纯检测出来也没用啊,得把它们干掉啊!

大东　先不要急嘛,看你嫉恶如仇的样子,看来平时被病毒欺负得不少啊!

小白　哈哈,东哥,你继续说!

大东　虽然只能判定系统是否感染病毒,不过检验法衍生了真正的反病毒技术——特征码技术。

小白　它具体是什么,怎么反病毒的呢?

大东　它属于第二代反病毒引擎,是反病毒历史上最耀眼的明星。反病毒引擎不但打开了清毒的大门，也为以后反病毒技术的发展打下了坚实的基础。

小白　有没有第二种杀毒技术呢？

大东　第二种杀毒技术叫广谱特征码技术。从本质上说，广谱特征码是一类病毒程序中通用的特征字符串。

小白　那也就是说，例如有 10 种病毒都使用了一段相同的破坏硬盘的程序，那把公共部分提取出来，就能达到用一个特征码查 10 个病毒的功效了？

大东　没错，很有悟性嘛！

小白　嘿嘿，过奖了，东哥！那这种技术现在还在用吗？

大东　这种技术方便是方便，但也使误报率大大增加。所以说，对于新病毒的查杀，广谱特征码技术目前已经不是那么有效了。有时候，它还会把正规的程序误当作病毒报给用户。

小白　哦哦，有点"宁可错杀一千，不可放过一个"的意味呢！看来这个武器还是不好用啊！那东哥，给我讲讲变异病毒是怎么回事吧！

大东　此类病毒称为多态性病毒或自我变形病毒。

小白　什么叫多态性呢？

大东　所谓多态性或自我变形，是指此类病毒在每次感染目标时，进入宿主程序中的病毒程序大部分都是可变的，即在搜集到的同一种病毒的多个样本中，病毒程序的代码绝大多数是不同的，这是此类病毒的重要特点。

小白　那东哥，既然存在变异，提取特征码查杀病毒的这种方法在互联网迅速发展、各种新式病毒层出不穷的时代，是不足以维护网络安全的啊！

大东　没错，但是敌人狡猾，我们也有对策！

小白　什么对策呢？

大东　就是使用"启发式杀毒引擎"！

小白　它有什么特点呢？

大东　它能够通过行为判断、文件结构分析等手段，在较少依赖特征库的情况下查杀未知的木马病毒。

小白　原来如此，这样我们就不怕病毒千变万化了！那在这之后，病毒有没有新发展呢？

大东　随着远程网的兴起、远程访问服务的开通，病毒迅速突破地域限制，首先通过广域网传播至局域网内，再在局域网内传播扩散。

小白　这个时期什么类型的病毒开始猖獗了呢？

大东　这个时期夹杂于电子邮件内的 Word 宏病毒成为病毒的主流。

小白　这种病毒有什么特点呢？

大东　这一时期的病毒的最大特点是将因特网（Internet）作为其主要传播途径，同时具有传播速度快、隐蔽性强、破坏性大等特点。

小白　网络飞速发展使得病毒的传播速度也加快了！

大东　那是当然！并且病毒的主动性、独立性更强了，变形（变种）速度极快，并向混合型、多样化发展。

NO.4 小白内心说

小白　网络安全日新月异，病毒也在暗自涌动，我们必须要提升反病毒技术！

大东　没错！而且反病毒技术已经成为计算机安全领域的一种新兴的计算机产业（或称反病毒工业）。

小白　还好我们的反病毒技术在进步，每次病毒造成的损失都没给互联网造成致命打击！

大东　小白，那你知道反病毒软件的任务是什么吗？

小白　我还真不知道呢。

大东　反病毒软件的任务是实时监控和扫描磁盘，部分反病毒软件可以通过在系统中添加驱动程序的方式进驻系统，并且可以随着操作系统的启动而启动。大部分的反病毒软件还具有防火墙功能。

小白　但是反病毒软件的实时监控方式也是因软件而异的吧？

大东　确实是，一些反病毒软件可以通过在内存中划分一部分空间的方式，将计算机里流过内存的数据与反病毒软件自身所带的病毒库（包含病毒定义）的特征码进行比较，从而判断其是否为病毒。还有一些反病毒软件则可以在所划分到的内存空间里面，虚拟执行系统或用户提交的程序，并对其行为或结果做出判断。

小白　但是，现在的病毒也是很狡猾的，它们不断变异，不断施展自己的小伎俩！

大东　所以呀，现在的反病毒软件也具有实时升级的功能呢，这种功能最早是由金山毒霸提出的。每一次连接互联网，反病毒软件都自动连接升级服务器来查询升级信息，如果有需要则进行升级。

小白　　现在好像还有云查杀技术呢。

大东　　没错，更先进的云查杀技术可以实时访问云数据中心进行判断，用户无须频繁升级病毒库即可防御最新病毒。

小白　　所以呀，用户不应被厂商大肆宣传的需要每天实时更新病毒库的言论所迷惑。

大东　　而且，现在的反病毒软件还具有主动防御功能。这种功能通过动态仿真反病毒专家系统对各种程序动作进行自动监视，自动分析程序动作之间的逻辑关系，综合应用病毒识别规则知识，实现自动判定病毒，达到主动防御的目的。

小白　　现在的反病毒软件也很"聪明"呢。

大东　　没错，毕竟邪不胜正！病毒不断卷土重来，我们也会一次次将其置于死地！正是因为敌人的存在，我们的技术才能不断进步！

思维拓展

1. 早期病毒的攻击形式有哪些种类和特点？

2. 早期的反病毒技术主要采用哪种方式，有什么特点？

3. 反病毒技术的难点主要有哪些，在之后的反病毒技术发展上还有哪些难关需要攻破？

史上最复杂的计算机蠕虫病毒

Flame 蠕虫病毒

参伍以变，错综其数。

NO.1 小白剧场

大东　小白，记不记得我们之前说过的蠕虫病毒？

小白　啥虫，在哪里？

大东　是我没有说清楚吗？这里没有啥虫，现在到了学习时间，我说的是计算机中常见的蠕虫病毒。

小白　这次听清楚啦，当然记得啦，蠕虫病毒通过网络进行复制和传播，网络和电子邮件是它的主要传播途径。我说得没错吧？

大东　小白真是个聪明的孩子，回答得不错。不过随着社会的发展，不仅科技在进步，计算机病毒也在进步。今天要给你讲的就是一个超级进阶版的蠕虫病毒！

小白　超级进阶版？光听这个称呼就觉得好厉害啊！

大东　它的外文全名是 Worm.Win32.Flame，简称 Flame（火焰）病毒。

小白　东哥，快给我讲讲吧！又可以学习新知识啦。

NO.2 话说事件

大东　　Flame 病毒于 2005 年 10 月 9 日开始肆虐网络，主要通过计算机下载的档案进行传染，对计算机程序、系统具有严重的破坏力。2007 年，Flame 病毒蔓延全世界。2014 年 1 月，Flame 病毒被 Web 信息安全团队封杀，而到了 2014 年 7 月，它又重生肆虐。

小白　　真是曲折的生存史啊！

大东　　Flame 病毒是一种后门程序和木马病毒，同时又具有蠕虫病毒的特点。只要它的操控者发出指令，它就能自我复制。

小白　　它还会自我繁衍？要是我的主机被感染，那不就救不了了？还有它是怎么运行的？

大东　　不要慌嘛！什么事情都得慢慢来。监测网络流量、获取截屏画面、记录音频对话、截获键盘输入等都是它的拿手好戏，并且截取的数据也能够传送至操控者手中。

小白　　我能不慌吗，这是完全被监控了的意思吗？

大东　　我跟你说，Flame 病毒是一种高度复杂的恶意程序，常被用作网络武器并且已经攻击了多个国家。所以我们上网时，不要乱点网站，像你这种喜欢点一些不明网站的人最容易使计算机感染。

小白　　哼！那 Flame 病毒有哪些传播途径呢？

大东　　物理接触吧，像另一种工业病毒 Stuxnet 使用的是一个非常著名的 LNK 漏洞，它在 Flame 病毒的代码中也被发现了。一些人会将 U 盘插入受害用户的个人计算机中，在 Stuxnet 刚被发现的时候，这个 LNK 漏洞是一个未公布的 0day[1]，但是现在被修复了。目前为止，我们还没有发现 Flame 病毒使用任何 0day 漏洞。

小白 可怕的 0day 和藏着病毒的 U 盘。

大东 从现有规律看，这种病毒的攻击活动不具有规律性，个人计算机、教育机构、各类民间组织和国家机关都曾被其攻击过。

小白 那是不是可以说，Flame 病毒构造复杂，此前从未有病毒能达到其水平，是一种全新的网络间谍装备？

大东 没错！除此之外，Flame 病毒一旦完成数据搜集任务，还可自行毁灭，不留踪迹。

小白 Flame 病毒的攻击目标有哪些呢？

大东 Flame 病毒虽然是在 2012 年才被发现的，但很多专家认为它可能已经潜伏很久了，包括伊朗、以色列等许多国家的成千上万台计算机都已感染了这种病毒。

小白 看来它是不挑食呀！

大东 但是它开始主要集中攻击中东地区，包括伊朗、以色列、巴勒斯坦、叙利亚等国家，大多数情况下它被用于网络战争。

小白 我终于了解了什么是真正的没有硝烟的战争了。

NO.3 大话始末

大东 Flame 病毒被世界电信联盟等官方以及卡巴斯基等国际权威厂商认定为迄今为止最复杂、最危险、最致命的病毒威胁。

---

[1] 0day 是在安全厂商知晓并发布相关补丁前就被掌握或者公开的漏洞信息。

小白　Flame病毒这么厉害吗？值得被冠以"最复杂""最危险""最致命"等众多称号？

大东　从病毒行为的结果上看，Flame 病毒能够躲过 100 种反病毒软件的检测。感染该病毒的计算机将自动分析自己的网络流量规律，自动录音，并且记录用户密码和键盘敲击规律，将用户浏览网页、通信、账号密码乃至键盘输入等记录，以及其他重要文件，统统打包发送给远程操控病毒的服务器。

小白　太狡诈了！连杀毒软件都抓不住它！

大东　另外，从病毒设计上看，Flame 病毒使用了 5 种不同的加密算法、3 种不同的压缩技术和至少 5 种不同的文件格式，还包括一些其专有的格式，并将它感染的系统信息以高度结构化的格式存储在 SQLite 等数据库中，病毒文件达到 20MB 之多。此外，它还使用游戏开发用的 Lua 脚本语言编写，使得结构更加复杂。

小白　天呐，真的好复杂啊！

大东　由于 Flame 病毒结构的复杂性和攻击目标具有选择性，反病毒软件一直未能发现它，因此它的潜伏性更加危险。

小白　主要它还能自行毁灭，这个是最可怕的。

大东　Flame 病毒一旦感染计算机后，会使用各种系统进程去收集数据，并将数据发送给远程操控病毒的服务器。即便与服务器的联系被切断，蓝牙信号也可以实现攻击者对 Flame 病毒的近距离控制。

小白　看样子它覆盖了用户计算机的所有出入接口，功能强大啊！

大东　是的。Flame 病毒的设计复杂，这使它具备了几个其他病毒没有的新特性，令人称奇。

〔小白〕　快给我讲讲。

〔大东〕　首先，Flame病毒通过大量的代码实现了隐藏。在恶意程序中使用Lua语言编写代码是非同寻常的，尤其是在如此复杂的一个攻击工具中出现。一般情况下，现代恶意程序包都偏小，并用紧凑的编程语言进行编写，这样能更好地将其隐藏。

〔小白〕　哇！真是狡猾，还会将自身隐藏在大量的代码中来躲避查杀。看来只要技术高，这些都不是问题，厉害了啊！

〔大东〕　其次，Flame病毒能记录来自计算机内部的话筒音频数据，这也是相当新的手段。当然，其他一些已知的恶意程序也能够记录音频数据，但是Flame病毒的不同之处是它很全面——能够以各种各样的手段盗取数据。

〔小白〕　哈哈，这点是值得软件开发者们学习的地方。

〔大东〕　最后，Flame病毒另一个令人称奇的特点就是对蓝牙设备的使用。当设备的蓝牙功能开启的时候，Flame病毒可以将配置模块中的相关选项同时开启，当发现有设备靠近被感染的计算机时，Flame病毒就可以收集新设备中的数据。

〔小白〕　太可怕了，只要靠近，就会被收集数据，真的是"传染"呢！

〔大东〕　有赖于这样的配置，它还能将受感染的计算机作为一个"灯塔"，发现通过蓝牙传输的设备，并为背后的操控者提供编入设备信息中的恶意程序的状态。

〔小白〕　吓得我赶紧关闭了蓝牙！这么说来，Flame病毒真的很危险啊！

〔大东〕　当然。一旦Flame病毒感染了计算机并激活了相应的组件，它会运用包括键盘、屏幕、麦克风、移动存储设备、网络、Wi-Fi、蓝牙、USB 和系统进程在内的所有可能条件去收集数据，盗取用户浏览网页、通信、账号密码乃至键盘输入等记录，甚至利用蓝牙功能窃取与被感染计算机相连的智能手机、平板电脑中的文件发送给远程操控病毒的服务器。

大东　此外，即便 Flame 病毒与服务器的联系被切断，攻击者依然可通过蓝牙信号对被感染计算机进行近距离控制。从功能角度看，Flame 病毒是非常强大的，可以说是偷盗技术全能，覆盖了用户使用计算机的所有输入输出接口。

小白　唉，没活路了。

大东　当然这种全方位获取信息的行为并不是针对每个人的，微软也表示 Flame 病毒主要用于进行高度复杂且极具针对性的攻击，它会从 PDF、电子表格和 Word 文档等文件中提取 1KB 样本，压缩和上传样本到命令控制服务器，然后攻击者发出指令抓取他们感兴趣的特定文档。听说在所有文件中 Flame 病毒对 AutoCAD 绘图文件比较感兴趣哦。

NO.4 小白内心说

小白　这么强大的 Flame 病毒，我到底该怎么办呢？

大东　这方面是你专业吗？你瞎操什么心！

小白　大东哥哥不知道我就是一个心急之人吗？

大东　不用担心。杀毒软件给我们提供了"超级火焰"专题的杀毒工具，只需轻轻一点击，Flame 病毒就消失得无影无踪啦！

小白　你就吹牛吧！

大东　真的可以，因为 Flame 病毒利用的是微软漏洞；还有一种方法就是及时安装官方提供的补丁，这一点也是十分重要的。

小白　那怎么样才能查看我的计算机是否已经感染了 Flame 病毒呢？

大东　你的计算机不会感染的，如果你不信，你可以首先搜索计算机中是否存在 ~DEB93D.tmp 文件，如存在则有可能感染了 Flame 病毒。然后检查注册表 HKLM_SYSTEM\CurrentControlSet\Control\Lsa\ Authentication Packages，如发现 mssecmgr.ocx 或 authpack.ocx，则说明计算机已被感染。

小白　只要计算机里没有这些文件是不是就可以确定我的计算机没有被感染呢？

大东　当然不是，还要检查以下目录是否存在，如存在则说明计算机已被感染：

· C:\Program Files\Common Files\microsoft shared\MSSecurityMgr；

· C:\Program Files\Common Files\microsoft shared\MSAudio；

· C:\Program Files\Common Files\microsoft shared\MSAuthCtrl；

· C:\Program Files\Common Files\microsoft shared\MSAPackages；

· C:\Program Files\Common Files\microsoft shared\

MSSndMix。

小白 这回总该完事了吧!

大东 你这个急性子,还有最后一步没说呢! 如果在 %windir%\system32\ 目录下发现以下任一文件,也能说明计算机可能被感染:mssecmgr.ocx、advnetcfg.ocx、msglu32.ocx、nteps32.ocx、soapr32.ocx、ccalc32.sys、boot32drv.sys。

小白 总算完事了! 不过,现在的病毒无孔不入,确实应该一步一步慢慢地检查上述的每一个文件夹和文件是否存在,以防它的入侵。

大东 这么复杂的操作,小白你自己能搞定吗?

小白 也是,要不我还是装个杀毒软件,直接交给专业软件处理吧!

大东 互联网是把双刃剑,用好了可以学习知识,没正确使用的话可能丢失个人信息,给犯罪团伙制造机会。虽然有国家法律和各种网络安全公司帮助我们了解各种病毒和威胁,部署安全防护措施,但是咱们普通用户也一定要学会在网络世界中保护自己。

小白 那是当然的,我早就总结成口诀了! 大东东听好! 系统补丁要打好,盲目下载切忌搞。安全浏览省烦恼,密码复杂很重要。定期查杀不能少,U 盘防护要趁早。

大东 哈哈,真不错!

思维拓展

1. 你所了解的蠕虫病毒是什么样的,你怎样去定义 Flame 蠕虫病毒?
2. 请简单列举一个 Flame 蠕虫病毒入侵的实例,它对计算机的主要威胁是什么?

"性感" 的病毒

寒霜偏打无根草，事故专找懒惰人。

NO.1 小白剧场

大东 小白，你知道 MSN 是什么吗？

小白 MSN，全称 Microsoft Service Network，是微软公司旗下的门户网站。我说得没错吧？

大东 你说得没错，那你知道MSN骗子事件——性感鸡事件吗？

小白 这是什么？听起来这两个事情没有什么联系呢？

大东 这是 2004 年的一次网络病毒袭击事件。

小白 大东你快讲讲吧，我都好奇了。

NO.2 话说事件

大东 我先来问问你，什么是蠕虫病毒？

小白 这个我当然知道啦，蠕虫病毒是一段可以自我复制的代码，并且可以通过网络进行传播。最重要的一点就是，通常无须人为干预，蠕虫病毒就能传播。

大东　那么，蠕虫病毒入侵并且控制一台计算机后，会怎样呢？

小白　这个我也知道，蠕虫病毒在入侵计算机并完全控制它之后，就会把这台计算机作为宿主进行扫描并感染其他计算机。当这些新的被蠕虫入侵的计算机被控制之后，蠕虫便可以以被入侵的计算机为宿主继续扫描并感染其他计算机。

大东　说得没错，并且这种行为会一直延续下去。蠕虫病毒可以说十分强大，会按照指数级规模增长扩大自己的入侵范围，从而控制越来越多的计算机，可谓是"爆发式"增长。

小白　大东，让我给你讲讲蠕虫病毒的程序结构吧，这可是我新学习的知识呢。蠕虫病毒的程序结构通常包括 3 个模块，分别是传播模块、隐藏模块、目的功能模块。不过这几个模块具体有什么作用，我还不太清楚。

大东　知道这么多有关蠕虫病毒的知识已经很不错啦。传播模块会负责蠕虫的传播，我们又可以把传播模块分为扫描模块、攻击模块和复制模块 3 个子模块。其中，扫描模块负责探测存在漏洞的主机；攻击模块按漏洞攻击步骤自动攻击找到的对象；复制模块通过原主机和新主机交互，将蠕虫程序复制到新主机并启动。

小白　可以自我复制又不依赖宿主程序，这蠕虫病毒还真聪明呀！

大东　除了传播模块，蠕虫病毒还有隐藏模块和目的功能模块。隐藏模块负责在病毒侵入主机后隐藏蠕虫程序，目的功能模块则可以实现对计算机的控制、监视或破坏等。

小白　这几个模块加身，也不难解释蠕虫病毒传播更快更广，可以更好地伪装和隐藏，可以利用漏洞主动攻击，具有较强的独立性啦。

大东 有了这些知识，现在我们来说说 MSN 性感鸡病毒吧。MSN 性感鸡病毒是一种蠕虫病毒，小白你还知道哪些蠕虫病毒呢？

小白 蠕虫病毒有好多种呢，前边我们提到过的熊猫烧香就是蠕虫病毒的一种。

大东 你说得没错，让我们来详细了解一下 MSN 性感鸡病毒吧。

小白 好啊好啊，洗耳恭听。

大东 性感鸡病毒是一种常见的病毒。当感染该病毒后，系统会自动跳转出一张烧鸡图片，并且释放名为 rbot 的后门程序，这样被病毒感染的主机就被控制了。除此之外，这个病毒还可以把计算机调至静音模式，让用户听不到计算机的声音，一旦用户登录 MSN 就会自动给好友发送邮件。

小白 发现自己中了病毒，一定要立即退出来呀，免得打扰好友。

大东 事实表明你想多啦。

小白 嗯？此话怎讲？

大东 如果用户已经中了该病毒，在退出 MSN 的过程中一定是困难重重的，因为 MSN 性感鸡病毒给计算机带来的漏洞会导致用户不能退出 MSN。给你讲一个小故事，某网友忽然收到同事通过 MSN 发来的文件，以为是什么搞笑图片，接收完毕后就打开了该文件，结果发现搞笑图片上面是一只"穿"着"三点式"的烧鸡，他正乐着呢，忽然之间计算机就死机了。

小白 计算机死机只能自认倒霉啦。

大东 可是谁知道没多久，该网友杭州的同学打来电话，称他在 MSN 给好友发送了搞笑图片，导致好友的计算机也死机啦。

小白 这个病毒还真是调皮呢。如果不小心中了该病毒，那可真愁人。

大东 中病毒之后给好友发送的文件中含有一种"病毒炸弹"，它是病毒"MSN 爱你"的变种。

小白 病毒不断变异，也是防不胜防呀。大东，MSN 病毒有没有什么"辉煌"的历史呀？能不能给我讲讲？

大东 故事多得是，让我慢慢给你讲。金山毒霸曾经截获过一个利用 MSN Messenger 传播的木马病毒，并将其命名为"MSN 小尾巴"（Worm.MSNFunny）。

小白 为什么叫作"MSN 小尾巴"呢？

大东 因为这个病毒仿照了"QQ 小尾巴"病毒的传播方法，会预先发送一条网站的广告消息，接着再发送一个病毒的副本。用户在不知情的情况下，一旦运行了发送来的病毒副本，就会导致中毒。

小白 任何一种病毒，中毒之后都会对用户产生影响。

大东 所以说我们要怎么做呢，小白？

小白 这还用说吗？当然是要做好防范啦！东哥你不是总说，网络安全最主要的就是预防，不要让计算机有中毒的风险。其次才是杀毒，解决计算机中毒的问题。

大东 你说得没错，在网络安全中，我们最主要的工作就是做好预防，不给病毒入侵的机会。

小白 计算机中病毒会有什么反应呢？

大东 病毒在感染计算机后会导致计算机无法访问大量网站，非常恶毒。其实，目前利用即时通信工具来传播的病毒非常多。

小白 是的是的，计算机中病毒后，攻击者会利用电子邮件、即时通信工具对计算机用户进行欺诈。

大东 所以呀，用户最好不要点击陌生人发来的即时通信消息框内的链接，而且不要接收来自陌生人的文件，好友发来的文件在接收前也要先确认。

小白 MSN 病毒的变种多吗？

大东 挺多的，不过正是因为 MSN 即时通信病毒变种出现的速度很快，业内都在呼吁企业和个人用户，除了随时保持病毒定义文件最新，还要加强对即时通信工具传来的不明文档的防范。

小白 防范确实是关键，那东哥，如果不小心计算机中了 MSN 性感鸡病毒该怎么办呢？我们应该怎样解决呢？

大东 这个病毒的应对方法比较特殊，可以在任务管理器里把 winhost.exe、winis.exe、msnus.exe、dnsserv.exe 结束，再到注册表把 win32=winhost.exe 删除。

小白 这个病毒可以手动删除？怎么和以往我们了解的病毒不太一样呢？别的病毒都需要用杀毒软件，或者使用专家针对这种病毒研究的解决方案。

大东 是的，所以这款病毒的危害程度被定位为三星。

小白 那具体怎样手动操作呢？

大东 在注册表编辑器中找到"ShellServiceObjectDelay Load"项中的"syshosts"（下图中计算机未中此病毒，因此没有此项），记录它的值，将该项删除并重新启动计算机。

注册表编辑器目录

NO.3 大话始末

小白 之后要怎么办呢？

大东 之后我们要删除病毒，找到名为"photos.zip"的文件和名为"syshosts.dll"的文件，将其删除并再次重新启动计算机。再次查看两个文件是否存在，如不存在就说明病毒已被清除。

小白 看来一旦计算机被病毒缠上，想要解决是很麻烦的呢。

大东 是的，计算机中病毒之后问题不会轻易地就被解决，所以说尽量不要让计算机中病毒。就像我们之前说的，预防才是关键啊。

小白 是啊，一旦计算机中了病毒那可真的是太影响我们的正常学习和生活了。那东哥你再给我讲讲怎么预防蠕虫病毒吧。

大东 要想知道怎么防范病毒，首先要知道病毒是怎么传播的，然后防止病毒传播。MSN 蠕虫病毒传播有 3 个特点。

小白　哪 3 个呢？

大东　第一个是需要利用即时通信工具 MSN 进行传播。MSN 性感鸡病毒利用了应用广泛的即时通信工具 MSN 作为传播途径，病毒运行后会弹出一张图片，同时在后台向所有 MSN 在线好友发送病毒程序 winhost.exe。如此反复，传播速度非常快。

小白　会利用工具的病毒确实"聪明"。

大东　第二个是该病毒综合利用了微软的三大漏洞，它们分别是 WebDav 漏洞、冲击波漏洞、震荡波漏洞。第三个是该病毒可破解系统弱口令，类似于 123、ABC 这些系统弱口令，都可以被该病毒迅速破解。

小白　还挺厉害的嘛。

NO.4 小白内心说

小白　那我们应该怎样防范，采取怎样的措施呢？

大东　防范聊天蠕虫可以说是众多措施的重中之重，我们生活在网络世界中，对于通过聊天软件接收到的任何文件，都要经过确认后再运行；切记，一定不要随意点击通过聊天软件发送的链接哦。

小白　具体应该怎样做呢？

大东　网络蠕虫病毒对个人用户的攻击并不是利用系统漏洞，而是通过社会工程学，因此使用内存实时监控和邮件实时监控的杀毒软件就是不错的选择。

小白　计算机必备杀毒软件。

大东　在当今网络时代，蠕虫病毒不仅传播快，而且变种还很多，定期更新病毒库，可以方便查杀最新的病毒。

小白　　还有其他的吗？

大东　　用户也要提高自身的防 / 杀毒意识，不要轻易点开陌生的站点，不随意查看陌生的邮件。

小白　　知道了，东哥。其实我们不仅要防范蠕虫病毒，对于所有病毒都应该加强防范呢。

大东　　说得没错。在使用计算机以及网络资源时，首先要掌握一定的计算机知识，并了解一些实时的病毒信息。还要定时检测计算机硬盘，正确使用互联网中的软件，掌握正确的搜索引擎使用方法，这样就可以降低感染病毒的概率。在使用网络的过程中，我们经常会收到一些具有诱惑性的网络链接，一定要谨记"天上不会掉馅饼"，链接慎点呀。

小白　　安装合适的杀毒软件与防火墙软件也是很有必要的，这样就可以在系统中了病毒后查杀病毒。同时，防火墙发现可疑的活动（包括病毒的运行）时会向用户发出警告，并采取一些相应的防范措施，进而阻止病毒对系统的破坏。

大东　　对于杀毒软件，也要常常进行更新呀。最新的杀毒软件可以进行系统漏洞扫描，然后升级系统补丁，降低被病毒侵害的概率。

小白　　防范记心头，病毒远离我。

思维拓展

1. 病毒的存在严重危害信息安全，我们平时要加强哪些措施防止病毒破坏信息安全呢？

2. 除了 MSN 性感鸡病毒，你还对哪个病毒印象深刻呢？试着说明一下它的特点。

04

千禧年的千年虫

工欲善其事，必先利其器。

NO.1 小白剧场

小白 东哥，你知道什么是"千禧宝宝"吗？

大东 当然知道了，中国人喜欢将婴儿出生的时刻与一些重要节点相联系，以期沾喜气、交好运，千年一逢的 2000 年就出现了扎堆生千禧宝宝的现象，千禧谐音千喜，全天下的父母都希望自己的孩子一生平安、健康、交到好运。说到这个，小白你知不知道千年虫呀？

小白 千年虫？那是什么？是在 2000 年出生的虫子吗？

大东 当然不是了，千年虫问题是计算机系统的时间变换问题，其实我们可以认为千年虫是一场计算机领域的"蝗灾"。在这次"蝗灾"中，有许许多多的计算机接连受害，就像被蝗虫洗劫的稻田一样损失惨重。

小白 这么可怕！那它是一种特别复杂的病毒吗？

大东 这个还真不是，其实这个所谓的千年虫病毒的说法大多来自人们的谣传，因为当时在极短时间内有大量的计算机瘫痪，所以谣言四起。虽然这个千年虫造成了很大的问题，但是被谣言夸大了，所以以后小白你在看待事情的时候一定要理性分析哦。

小白　　嗯，以后我无论听到什么言论都先分析一下合理性再去评判。东哥，快给我讲讲这个事件在当时的情况是怎样的？

NO.2 话说事件

大东　　当时在极短的时间内出现了以下情况：金融领域出现利息计算混乱、银行卡失灵的现象；账单结算中出现税务、话费等按照100年计算的现象；电力系统方面则出现全市停电、电器烧毁的情况；交通方面开始实行空中管制、班机取消；我们的个人计算机出现数据清空、系统崩溃的情况等。这些情况的出现，使人们开始恐慌，各种谣言也就出现了。

小白　　极短的时间？那事件开始前没有什么预兆吗？

大东　　一点预兆都没有，很多设备都是在正常使用的情况下突然出现文件丢失、数据出错的情况。

小白　　这个事件也太诡异了吧！可就算是计算机出现文件丢失等情况也不至于引起如此大的恐慌呀，我有点不明白了。

大东　　小白，你这是在以我们现在的互联网发展角度看问题，要知道，在当时，计算机在人们的日常生活中还没有得到完全的普及。在当时人们的认知当中，只有联网的计算机才会感染病毒，所以一开始人们以为这仅仅是一次影响巨大的病毒传播，直到人们注意到一些根本没有联网的计算机也出现了瘫痪的情况，甚至有些没有拆封过的计算机都在第一次开机的时候出现了故障，这些情况使得人们陷入恐慌。

小白 是不是人们以为计算机中了某些魔咒？千年虫到底是怎样出现的呢？

大东 千年虫主要是早期计算机的设计漏洞引起的，所以该漏洞在计算机更普及的西方国家的影响范围更大。

小白 那千年虫事件是不是就是发生在 2000 年 1 月 1 日呢？

大东 不完全对，这个千年虫事件还真的不全是发生在 2000 年 1 月 1 日，在这里先给你留个小小的悬念吧，在下一个部分我再介绍。

NO.3 大话始末

小白 这个诡异的魔咒到底是怎么造成的呀？东哥你就别卖关子了，直接告诉我嘛。

大东 其实这是一个以前的操作系统开发者为了节省存储空间所导致的问题。因为在计算机发展的初期，也就是 20 世纪中叶，内存是非常珍贵的，所以大家考虑在接下来的 50 年的时间里，记录时间使用两位记录法，也就是 "19" 不会发生变化，只记录年份的后两位，例如 1998 只记录 98。

小白 这个看起来并没有太大的问题呀，开发者也是为了节约成本嘛。

大东 这些观念在当时看来是正确的，但是如果是恰巧跨越世纪呢？例如到了 2000 年，就会出现虽然当前已经到达了 2000 年，但是在计算机看来你还处在 1900 年的情况，这样程序运行的时候就会出现冲突。

小白　原来是这样呀，那么程序都会出现哪些问题呢？不是只有操作系统在开发的时候存在没有记录前两位的问题吗？为什么各种程序也会对应出现类似问题？

大东　确实一开始只有操作系统使用了这种不够完备的设计。但是不要忘了，操作系统是一切软件的运行环境，所以软件为了适应操作系统也使用了这种不够完备的编写方法。有一些系统配备比较早（大约在 20 世纪 80 年代中期以前投入使用），如在 IBM 4381、IBM AS/400 等机型上运行的应用程序，由于这些机器系统在国际上都应用得相当早，因此上面的应用程序没有修改且程序经过 10 多年的开发和发展其规模已经非常庞大了。

小白　如果这些设计不全面的操作系统被淘汰，那么这些问题是不是就会不存在了呀？

大东　不是这样的，因为大多数软件都是要求实现向下兼容的，所以如果后面开发的软件建立在前面开发的软件基础上，那么依然会存在类似的问题。

小白　之前东哥你说这个千年虫事件不仅仅发生在 2000 年，那它还发生在哪些时间段？

大东　其实这个事件从 1999 年 4 月 9 日就开始出现了，我们会在程序中使用数字串 99（或 99/99 等）来表示文件结束、永久性过期、删除等一些具有特殊意义的自动操作。这样当 1999 年 9 月 9日（或 1999 年 4 月 9 日，即 1999 年的第 99 天）来临时，计算机系统在处理到内容中有日期的文件时，就会遇到 99 或 99/99 等数字串，从而误认为文件已经过期或者执行删除文件等错误操作，引发系统混乱甚至崩溃。

小白　这就是之前谈到的文件莫名其妙地消失或是打不开的原因？

大东　对，其实这种情况不仅发生在 2000 年 1 月 1 日之前，在 2000 年之后也发生过。例如，在 2000 年 2 月 29 日（2000 年是闰年），有的计算机直接跳到了 3 月 1 日。

小白　这是为什么呀？难道是出现了新的漏洞？

大东　是这样，在 2000 年这一年呢，有的计算机认为现在还是 1900 年，按照整百年是否为闰年的判断方法——每 400 年才有 1 次闰年，1900 年的时候不是闰年，所以就会出现这个问题。

NO.4 小白内心说

小白　那我们以后该如何阻止这种事件的发生呢？

大东　这个事件提醒了我们，在设计一个程序或软件的时候，要尽可能地考虑周全，要想到很多年之后的情况。

小白　可是我们如何可以有规律地提前研究之后可能出现的问题呢？

大东　其实现在的软件发展逐渐趋向专业化，慢慢地也就产生了一门新的学科，即软件工程。

小白　软件工程主要用来做什么？流程是怎样的？

大东　其实就像这张图一样，在软件开发的初期要进行计划和需求分析，并在这一过程中不断地完善整个程序的测试和分析，来完善软件。

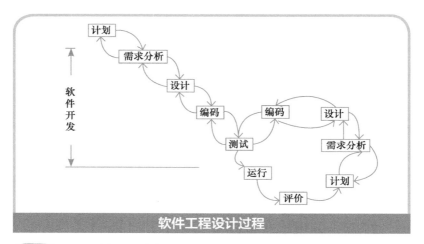

软件工程设计过程

小白　可是这是一个很宽泛的描述呀，我们具体要提前考虑我们开发的软件的哪些特性呀？

大东　特性有很多种，其中跟这次千年虫事件有关的主要是两种：一个是可信赖性，主要是考虑软件可以稳定运行的时间长短问题；另一个是安全性，主要是考虑抵御外部攻击或是防止内部出错的能力。

小白　有了软件工程的这几种特性，就可以大大降低类似事件发生的概率了。

大东　是的，如果大家都按照这个标准来执行，那么在可靠性上一定是没有问题的，但是还是存在有人不遵守这个标准的情况，所以我们要继续推广软件工程思想，并且要求软件需求方索要软件开发的标准文档。

小白　东哥，其实我一直有个疑问：在网络中，像我们这样身在亚洲的人是如何实现跟欧洲的网络通信的呢？是不是就像手机发信号一样直接发一个信号呀？

大东 这种做法可是不行的，在我们的日常生活中，传播几千米的手机信号都会受到干扰，如果一下子传播几千千米，那么传播质量就很难保证了，但如果使用纠错码又会使得传输成本大大提升。

小白 那该怎么办呢？

大东 我们可以在海底铺设一条通信光缆，其实就在千年虫事件发生的那一年，也就是 2000 年 9 月 14 日，亚欧海底光缆全线开通，实现了两地的网络连通。

小白 光缆的传输效果会比无线信号好很多吗？

大东 当然了，而且你知道吗，在信号传输的过程中我们第一个要考虑的就是发生丢包或是传输出错的概率。如果丢包，那么只能重新传送；如果传输出错，那么就会有两种方法，一种是添加纠错码冗余，另一种是添加检错码冗余。

小白 这两种冗余有什么不同吗？

大东 纠错码可以检测出错误并进行修改；而检错码只能发现错误，不能修改，必须要求重传。

小白 那么这种功能强大的纠错码一定会伴随着比较大的开销吧？

大东 不错，小白这个问题问得好，纠错码几乎是检错码两倍的传输开销。这两种方法我们可以按照受干扰的概率进行选择，错误率低的就可以选择检错码。

小白 所以光缆这种几乎不受干扰的介质就可以使用检错码来减少开销了，对吗？

大东　没错，传输开销一下就可以下降很多，同时传输速度也将变快。

小白　为什么还会变快呀？

大东　传输过程中一个比较大的影响因素就是传丢或是传错的概率，因为传错要处理，传丢要重传，如果光缆的传丢、传错概率变小，那么传输速度就会提高。

小白　这对我国来说真是天大的好事呀！

大东　其实这条亚欧海底光缆除了具有传输更加迅速、成本更加低廉这些优点外，还伴随着对我国网络安全的挑战，信号传输快，代表着病毒攻击以及有害信息也传输得快，因此对网络安全领域来说是新的机遇和挑战并存。

小白　大东要加油哦。

大东　加油！

思维拓展

1. 如果现在千年虫问题还未解决，那么请列举一下在哪天会出现千年虫问题。

2. 千年虫问题是操作系统开发者为了节省存储空间而采用只记录年份后两位的方法导致的。思考一下，还有哪些漏洞是开发者考虑不严谨导致的？

凶猛的病毒

极虎病毒

福兮祸之所伏。

NO.1 小白剧场

小白 年终奖金在手里，工作完毕新年喜！

大东 小白小白你别急，病毒回首在望你！

小白 极虎极虎在哪里，虎年发威就是你！

大东 网络安全勤注意，极虎极虎消灭你！

NO.2 话说事件

小白 东哥，马上快过年了，我好期待啊！

大东 东哥我也盼望过年呢！但是，我们也不能掉以轻心啊！身处网络安全这个圈子，无论假期还是工作日，我们必须时刻提高警惕！

小白 我的天，还让不让我们 IT 行业的工作者好好在过年时休息一下了，怎么在这个节骨眼，不法分子还要搞事情啊？

大东 哈哈，小白别抱怨，这是我们身为互联网防卫者的职责！2010 年春节期间就有一个不讲情面的极虎病毒在到处搞事情呢。

（小白）　啊，怎么回事？病毒爆发是一个坏消息，春节肆虐更是一个坏消息。

（大东）　所以身处网络安全圈，就要时刻保持警惕呀，一刻也不能放松。现在我就给你讲一讲在 2010 年春节期间无情肆虐、不讲情面的极虎病毒！

（小白）　极虎病毒？听起来挺凶猛的样子，东哥快讲吧！

（大东）　这个事件是这样的，极虎病毒在 2010 年春节放假之前出现并在 2 月 8 日全面爆发，仅 2 月 7 日一天，就有 100390 台计算机感染该病毒，截至 2 月 9 日，被袭击的用户计算机超过 50 万台。

（小白）　哇！传播速度也太快了吧，从 7 号到 9 号，这个病毒感染的计算机就增加了 40 万台左右。不过也有大家在春节期间比较松懈的原因，那春节假期结束之后呢？情况有没有好一点儿？

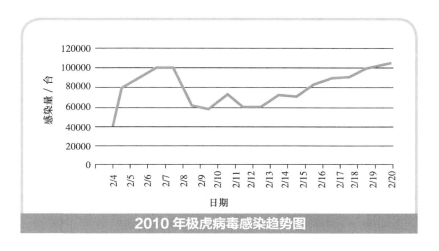

2010 年极虎病毒感染趋势图

大东 在长假结束后，其感染量更是曾一度增长到日感染量 12 万台以上，这还是杀毒软件成功帮助超过 10 万用户拦截了该病毒之后的数据。如果没有杀毒软件的帮助，后果估计更不敢想象了。

小白 这么凶猛，超出我的意料了啊！

大东 极虎病毒是由国内的金山毒霸云安全实验室首先发现的一个集磁碟机、AV 终结者、中华吸血鬼、猫癣下载器为一体的混合病毒。

小白 是我孤陋寡闻了，上面的 4 个病毒我一个都没有听说过。

大东 那也算是一定程度的幸运呀，说明你和你身边的人没有感染过这个病毒呀。

小白 好像也是这个道理，但我还是想简单了解一下这 4 个病毒，它们也算是极虎病毒的前身嘛。东哥你了解吗？可以简单讲讲吗？

大东 没问题，满足你的好奇心。磁碟机病毒是 2007 年出现的一种蠕虫病毒，它也叫 dummycom 病毒，这个病毒可以说是传播最迅速、变种最快、破坏力最强的病毒。但它最开始只是感染用户的 EXE 文件，破坏力并不强，不过这个病毒的制造者每两天就会更新一次病毒，可以说是非常与时俱进了。

小白 每两天就更新一次病毒，那它的确可以称得上变种最快的病毒了。

大东 没错。接下来简单地介绍一下 AV 终结者。AV 终结者又名帕虫，这里面的 AV 是英文 Anti-Virus 的缩写。从英文名字就可以看出，这个病毒意在反击杀毒软件。它是指一系列破坏系统安全模式、植入木马下载程序的病毒。

小白　这个名字够霸气。

大东　这种病毒的查杀似乎也很困难，需要病毒感染者采用专杀软件或重装系统。如果你感兴趣，关于这些病毒具体的特征你可以再查阅资料进行了解，我这里只是浅显地介绍了一下。

小白　明白。那东哥你继续说一下中华吸血鬼吧。

大东　中华吸血鬼也是一个蠕虫病毒，它主要通过网页挂马和 U 盘传播，它侵入用户系统之后能够关闭多种杀毒软件，并且会下载大量病毒，破坏系统文件。感染这个病毒之后，用户的计算机系统将受到严重威胁。

小白　那么最后一个猫癣下载器病毒呢？

大东　猫癣下载器病毒最重要的特征就是用户的计算机在感染病毒的时候会有极大的概率伴随着网游账号被盗的现象，目标囊括《魔兽世界》《大话西游》《剑侠世界》等游戏的账号，对用户的虚拟财产影响巨大。

小白　这几个病毒都很厉害的样子，极虎病毒结合了这 4 个病毒，那是不是超级无敌厉害？

大东　这个病毒因此还有一个"四最"的称号。

小白　具体是哪"四最"呀，东哥？

大东　"一最"是指它的传播方式是历次病毒之最特别，"二最"是指它附带的病毒种类是历次病毒之最多，"三最"是指它的清除难度是历次病毒之最高，"四最"是指它破坏系统的程度是历次病毒之最大！

小白　哇，那感染极虎病毒有什么特征呢？

大东 还是有蛮多异常行为的，例如开机提示你系统文件丢失；你想打开杀毒软件却发现失效了，即不能进行主动防御；你发现你的计算机很卡，系统运行速度变慢，CPU 占用率比较高；桌面 IE 图标被感染；反复报毒之类的。

NO.3 大话始末

小白 东哥，给我详细讲讲它的传播方式呗！

大东 在这之前我先考考你，计算机传播病毒的方式有哪几种啊？

小白 网络传播？东哥，你说吧，我知道的种类不多。（尴尬地看着对方。）

大东 主要包括存储介质、点对点通信系统、计算机网络和无线通道传播。

小白 哦哦，原来如此！那东哥，极虎病毒是通过什么方式传播的呢？

大东 极虎病毒主要可以使用 7 种途径来传播。

小白 竟然有 7 种！是哪 7 种呢？

大东 第一，网页挂马，它可以利用极光 0day 等漏洞广泛传播。第二，U 盘、手机、数码相机等移动设备。第三，局域网，它可以通过局域网的共享缺陷以及弱口令进行内网渗透。第四，软件捆绑及欺骗下载。

小白 那剩下的 3 种呢？

大东 第五，感染的网页格式文件。第六，可执行文件。第七，压缩包文件：方式一，感染压缩包中的可执行文件；方式二，将 usp10.

dll 病毒文件强加到压缩包并通过系统文件挟持传播。

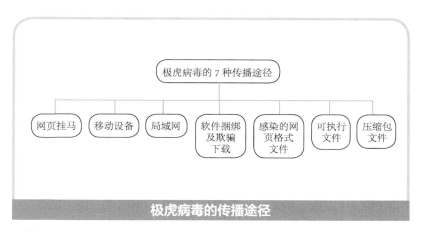

极虎病毒的传播途径

小白　那有没有不太常用的传播渠道呢？

大东　极虎病毒的衍生变种大概还有其他 3 种传播方式。

小白　哪 3 种呢？

大东　第一，在系统文件夹中创建 usp10.dll 和 lpk.dll；第二，部分变种会替换掉正常服务，如 appmgmts.dll、qmgr.dll、xmlprov.dll 等；第三，当主程序被删除后，如 booter.exe，用所留后门，如 svchost 加载替换服务，然后利用 iexplore.exe 重新下载。

小白　什么？我删除了，它还会重新下载！它也太可恶了！

大东　哈哈哈，这也就是它难以清除干净的原因！

小白　它是通过局域网传播的，局域网全网查杀的难度比较大；并且它也可通过移动设备传播，导致反复感染。同时，它也能感染 RAR 压缩包文件和网页格式文件，这些也是难以清除的原因吧！

大东 你说得很对，我再补充几点。极虎病毒可以感染 appmg-mts.dllmspmsnsv.dlllprip.dll 等 10 多种系统文件。因此，杀毒软件不敢轻易清除它，并且它的变种可以反复下载，从而造成反复感染。

小白 这就相当于小偷第一次潜入我家，被赶出去之后，他摸清了路线，还会多次进入我家盗窃！

大东 没错，这个比喻很形象！

小白 那极虎病毒到底是怎么做到这些的呢？

大东 它可以主动对抗杀毒软件，主动防御拦截容易被针对性绕过，更可怕的是它拥有自保护驱动来对抗杀毒软件。除此之外，极虎病毒更是每日更新，被杀过一次之后，又会换一副新面孔再次攻击！

小白 真是有三十六般变化啊！对了，东哥，那它怎么就成了附带病毒最多的呢？

大东 让我们剖析一下"极虎"的肚子里到底藏了些什么东西！它主要包含 IE 主页篡改类病毒、热门游戏盗号器和流氓软件安装器等下载器病毒。

小白 这个下载器可以下载它自己，那岂不是无限循环，一环套一环了！

大东 更可怕的还在后头！该病毒能够感染用户机器上的所有可执行文件，并且它采用了线程插入的方法，插入正常的系统进程 Svchost.exe 中，我们只有在进程模块中，才能看到病毒原体。除了这些，极虎病毒还会使机器系统卡顿。

小白 难道不是所有的病毒在感染系统后都会造成其卡顿吗？

大东 这可不一定哦，小白！

小白 那为什么极虎病毒一定会造成呢？

大东 因为此时病毒会调用 WinRAR 的解包模块去查找并解压 RAR 文件，感染压缩包中的其他程序文件后再打包。而且由于该进程是系统权限的，因此你无法使用任务管理器关闭。

小白 那除了这些，它还会在哪些方面作乱呢？

大东 极虎病毒还会破坏、替换系统文件，攻击各种杀毒软件，感染所有可执行文件，并联网下载大量盗号、广告类软件，十分可恶。

NO.4 小白内心说

小白 东哥，我们该怎么防范极虎病毒啊？

大东 首先我们必须清楚一点，就是当发现病毒时，它们往往已经对计算机系统造成了不同程度的破坏，即使清除了病毒，受到破坏的内容有时也是很难恢复的。因此对计算机病毒必须以预防为主。

小白 那我们应该怎样预防呢？

大东 其实一些常识是最直接也是最有效的预防措施！

小白 比如说？

大东 健康上网，不浏览不健康或可疑的网站、安装防病毒软件、使用新软件时先用扫毒程序检查、安装网络防火墙、不在互联网上随意下载软件。

小白 这么容易！那我的计算机要是不幸感染了极虎病毒呢？要采取什么应急措施呢？

大东 可以使用主流杀毒软件进行查杀，也可以下载极虎病毒专杀工具，专治"极虎"，让它长眠！

小白　那要是已经达到很严重的程度，无法查杀了该怎么办呢？

大东　那就只能忍痛割爱，将整个硬盘格式化后使用光盘重装系统。

小白　唉，一切都是为了网络正义，"极虎"必败！

大东　不过你现在大概率不用担心，极虎病毒的特征应该都被主流杀毒软件记录了，一旦发现有病毒想要入侵你的计算机，杀毒软件应该会预警的。但平时还是要好好预防！

思维拓展

1. 病毒常见的传播途径有哪几种，都有什么特点？

2. 极虎病毒相比其他传统病毒在传播途径以及变种情况方面有什么突出的地方？

3. 病毒会给我们的电子设备造成哪些损害，我们平时要怎样做好防护措施？

磁碟机病毒：
也叫 dummycom 病毒，
起初只感染用户的EXE
文件，但病毒制造者每
两天就会更新一次该病
毒，拥有超快变种速度。

AV 终结者：
AV 是 Anti-Virus 的缩
写，意在反击杀毒软件。
AV 终结者指一系列破
坏系统安全模式、植入
木马下载程序的病毒。

中华吸血鬼：
一种蠕虫病毒，主要通
过网页挂马和 U 盘传
播，能够关闭多种杀毒
软件，并下载大量病毒，
破坏系统文件。

猫癣下载器：
在感染病毒的时候
会有极大的概率伴
随着网游账号被盗，
对用户的虚拟财产
影响巨大。

擅于伪装的潜伏者

木马

未雨绸缪，防患于未然。

NO.1 小白剧场

小白 东哥东哥，快看这条新闻，有人将木马程序伪装成链接！

大东 真的吗？

小白 真让人生气。如今全国人民都在全力抗击新冠肺炎，居然有人将木马程序恶意伪装成一个叫作"全国新型肺炎疫情实时动态"的链接大肆宣传。

大东 还有这回事呀，那真的是给疫情防控造成了严重阻碍啊！

小白 但是更要紧的还是这种木马程序可以直接获取他人计算机的控制权限。

大东 这种恶意行为真的让人忧心忡忡。

小白 不法分子就是利用了人们关注疫情、渴望获得第一手资讯的心理，来诱导用户下载、运行这种程序的。

大东 看来网络安全知识的普及真的是势在必行呀。小白，你了解木马病毒吗？

小白 嘿嘿，有点一知半解呢。东哥，不如开始我们新的一课吧。

大东 来来来，贤弟且坐，听为兄我慢慢道来。

NO.2 话说事件

小白 东哥，其实只要是接触过互联网的人，几乎都听说过木马病毒吧！

大东 对，你说得没错。一谈到木马病毒，很多人都会为之色变，但是真正了解的人其实是非常少的。

小白 洗耳恭听，愿闻其详。

大东 木马病毒是特定编写的程序，让发布者可以控制或者毁坏另一台计算机。

小白 那木马病毒主要由哪几部分组成呢，东哥？

大东 一般而言，木马病毒基本上拥有两个可以执行的程序，一个称之为控制端，另一个称之为被控制端。

小白 发布者控制计算机真的是可怕呀，那么木马是怎样实现它的功能的呢？原理是什么啊？

大东 哈哈，小白你这个问题可真的切中要害啦，问得非常有技术含量呢。接下来，我就给你讲讲木马的前世今生。

小白 太好啦。

NO.3 大话始末

大东 木马病毒之所以会长期存在，主要是因为它可以隐匿自己，把自己伪装成合法应用程序，并且它隐匿的时间也是很长的。

小白　把自己隐匿起来的木马是一成不变的吗？

大东　当然不是啦，木马技术的发展可以说是相当迅速，很多人出于好奇或者急于挑战，不断改进木马程序的编写方式，现在已经到了第六代了。

小白　第六代了？发展的确是快呀！最原始的木马程序主要是通过哪种方式进行攻击的呢，东哥？

大东　最原始的木马程序主要是通过电子邮件发送消息进行攻击的，这是最基本的一种方式。

小白　那接下来的几代木马呢，东哥？

大东　第二代、第三代主要靠改进数据传递技术，出现的 ICMP 等类型的木马增加了杀毒软件的识别难度。第四代则在进程隐藏方面有很大革新。

小白　现在最常听说的还是驱动级木马呢。

大东　驱动级木马已经是第五代啦。

小白　驱动级木马有什么攻击特点呢，它相对于前几代有哪些提升呢，东哥？

大东　驱动级木马运行在 RING0 层，它是一种高级的木马，破坏性很强，也很顽固，因此很难彻底地查杀。

小白　为什么这么难以清除，它用了什么技术呢，东哥？

大东　驱动级木马使用了 Rootkit 技术。

小白　这项技术被应用于第五代木马中，那它起到的核心作用是什么呢？

大东　它使得第五代木马达到深度隐藏的效果，能够对杀毒软件和网络防火墙进行攻击。

小白　听起来好厉害的样子，木马发展得真是越来越难以对付了啊，东哥。

大东　嗯嗯，而且第六代木马病毒开始系统化，它将攻击矛头指向了用户信息，会盗取和篡改用户信息，对用户信息造成了极大的威胁。

小白　东哥，有哪些木马攻击的经典案例，给我介绍介绍呗！

大东　好的，我这儿还真有不少存货，听我给你慢慢道来。

小白　好啦，东哥，别卖关子了，我都等不及了！

大东　在 2019 年，中兴通讯部署的高级邮件防御系统捕获了一批可疑邮件，安全人员通过分析，发现是一轮 Separ 木马攻击。

小白　这个木马攻击有什么意图呢？

大东　此木马攻击的意图是窃取计算机中的密码等个人信息。

小白　它是什么时候开始攻击的呢？

大东　系统监测显示此轮攻击始于 5 月初，在 6 月底达到了高峰。

小白　攻击者是怎样实施攻击的呢，东哥？

大东　攻击者通过向目标群发钓鱼邮件，引诱用户打开附件。

小白　这个附件是不是有猫腻呢，东哥？

大东　当然！附件为木马文件，使用了 Adobe 的图标，试图伪装成 PDF 文件，诱使防范意识不高的用户中招。

小白　看起来，这次的木马攻击手段不是很复杂啊，东哥？

大东　虽然此木马并没有采用复杂的攻击手段，但的确很有效。

它通过大量发送恶意邮件来寻找突破口，窃取有价值的信息，并屡屡得手。

小白　那针对这种形式的木马攻击，我们该怎么防护呢，东哥？

大东　我们除了要对陌生邮件里的附件加以防范以外，还要注意保护个人信息，不要在本机缓存账户密码。对于大量发送的恶意邮件，为了保障效率和提高安全性，我们还可以进行识别拦截，主要的识别拦截方式包括使用静态扫描工具和进行动态行为分析。

小白　嗯嗯，知道了，东哥！还有没有别的案例呢？

大东　接下来我就给你讲一个大规模破坏了浓缩铀工厂离心机的震网木马病毒。

小白　好的，东哥！

大东　首先，我来给你介绍一下这个工厂的缺陷。浓缩铀工厂的离心机是仿制的老产品，加工精度差，承压性差，只能低速运转，而且是完全物理隔离的。

小白　那震网木马病毒的攻击目的和手段是什么呢？

大东　震网木马病毒的主要攻击目的和手段是通过加速旋转来摧毁大批离心机。

小白　那这种木马是怎么传播到工厂里去的呢，东哥？

大东　它是通过感染潜在工作者的U盘，不知不觉被带入工厂的。

小白　难道工厂没有杀毒软件，检测不出来吗？

大东　工厂会用杀毒软件做常规检测，但这种木马根本查不出来。

小白　这么厉害，是什么原因呢？

大东　木马悄悄潜入系统，使杀毒软件看不到木马文件名。如果杀毒软件扫描 U 盘，木马就修改扫描命令并返回一个正常的扫描结果！

小白　实在是太狡猾了！那木马进入工厂后，又是通过哪些途径进行传播的呢？

大东　攻击者主要利用计算机系统的 .lnk 漏洞、Windows 键盘文件漏洞、打印缓冲漏洞来传播木马。

小白　除了这些，这个木马还有什么厉害的地方呢？

大东　它还会把攻击所需的代码存放在虚拟文件中，重写系统的应用程序接口 (Application Programming Interface，API) 以将自己藏入，每当系统有程序访问这些 API 时，就会将恶意代码调入内存。

小白　那它还运用了哪些方式来隐藏自己的攻击行为呢？

大东　木马会在内存中运行时自动判断 CPU 负载情况，只在轻载时运行，以避免系统速度表现异常而被发现。关机后木马代码会消失，开机后又重启。

小白　它还真会"审时度势"啊！

大东　除了这些，这个木马还会慎重地挑选攻击目标，做到"有的放矢"！

小白　为什么这么说呢，东哥？

大东　由于浓缩铀工厂使用了西门子 S7-315 和 S7-417 两个型号的可编程逻辑控制器 (Programmable Logic Controller，PLC)，木马就把它们作为目标。

小白　那如果网内没有这两个型号的 PLC 呢？

大东 如果网内没有这两种 PLC，它就会潜伏起来。如果它找到了目标，便会利用 STEP 7 软件中的漏洞突破后台权限，进而感染数据库。

小白 看来，它也不会盲目攻击啊，好像有了"智慧"。

大东 哈哈！不过，此次木马病毒入侵，最有特点的还是在于其通过加速离心机来破坏设施的方式。

小白 嗯嗯，确实是很有特点，这是不是给工厂的初期病毒检测带来了干扰呢，东哥？

大东 没错，初期工厂还以为这种损坏仅仅是设备本身的质量问题，直到发现大量设备损毁之后，才醒悟过来，但为时已晚。

NO.4 小白内心说

小白 它真的就无孔不入了吗？让人好生气啊！

大东 这可不一定呢，俗话说得好，"防患于未然"嘛，很多时候都是因为我们自己不注意、不防范，才造成了严重的后果。

小白 那我们平时应该怎样防范呢，东哥？

大东 首先，我们必须要清楚木马病毒的种类，毕竟知己知彼百战不殆嘛！

小白 嗯嗯，你说得没错！那我们平时常见的木马病毒有哪些呢，东哥？

大东 我们常见的木马病毒种类有很多，例如网游木马、网银木马、下载类木马、代理类木马、FTP 木马、网页点击类木马等。你对它们有一定的了解，就可以在一定程度上避免大多数木马的入侵啦。

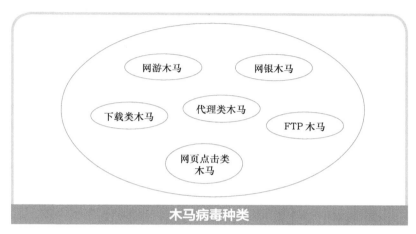

木马病毒种类

小白　网游木马？玩个游戏都会感染木马病毒吗？

大东　随着网络的发展，越来越多的网络游戏进入人们的视线之中，很多"充值玩家"也随之出现。

小白　是啊，网络游戏中有好多虚拟财富，东哥你知道有哪些吗？

大东　这可难不住我！网络游戏中的虚拟财富种类繁多，例如游戏中的金钱、装备等。

小白　我平时根本不追求这些，不充值的玩家也可以有很好的游戏体验啊！

大东　总之，如今这些虚拟财富与现实财富之间的界限变得越来越模糊，从而导致以盗取网游账号密码为目的的木马病毒也随之发展泛滥起来。

小白　多亏贫穷遏制了木马对我的攻击。（迷茫的表情。）

大东　那你也不能掉以轻心呀，即使你不充值，你也会下载软件吧；即使你不下载软件，你也会浏览点击网页吧。此时下载类和网页点击类木马便会进入你的视野。

小白　唉！真的是一点办法都没有呀，只要我上网，就会被木马攻击。

大东　不要这么悲观嘛，还是有很多办法的。

小白　有哪些具体的防范木马的办法呢，东哥？

大东　平时注重上网规范，网上下载的东西，一定要先扫描再安装，或者尽量在相应的官网上下载软件。

小白　除了这些呢，东哥？

大东　更重要的是不要打开计算机上未知的安装文件，例如EXE 文件，必要时可以先进行扫描。

小白　嗯嗯，我们平时浏览网页也要小心吧，东哥？

大东　没错，我们平时一定要浏览正规的网页，以防浏览器设置被更改，从而下载木马。

小白　查杀木马人人有责呀。东哥，今天就到这儿吧。我要去检查我的计算机啦。

思维拓展

1. 木马是怎样实现它的功能的，原理是什么？请简要描述。

2. 日常生活中，你是怎样通过实际行动防范木马病毒的？请简要描述。

07

影响范围最大的 Bug

黑屏

知识产权驱动创新，科学技术推进文明。

NO.1 小白剧场

小白 唉，今天心情好差，啥也不想干。

大东 小白，发生什么事情了？你怎么这么消极呢？

小白 还不是手机惹的祸，现代的人如果手机突然坏了，估计干什么都会不方便吧。

大东 确实，毕竟现在是个信息化的时代，可以说手机是出门必带的，因为我们可以用手机上网、打电话、付钱等。你的手机是出现什么故障了吗？如果不是太严重的话，我可以给你修一下。

小白 我的手机更新 iOS11.3 之后麦克风出故障了，没办法正常拨打电话或使用语音功能，而且还使用不了免提。

大东 哦，这是个手机漏洞，而且关于这个漏洞苹果公司已经做出了相关回应，已经过了保修期的 iPhone7 用户也可以免费维修或者更换设备。

小白 那太好了，我赶紧去修手机了，不然手机没法用可真难受呀。

大东 小白，其实我们不能太依赖于手机，也不要做"低头党"，天天玩手机。

小白　　嗯嗯，我之前是个"低头党"，但是自从低头走路玩手机摔了一跤以后就再也不这么干了。

大东　　一朝被蛇咬，十年怕井绳呀。在这个信息化的时代，我们要学会好好地利用手机，而不是让手机牵着我们的鼻子走。

小白　　对了，话说 iPhone 小瑕疵、大毛病怎么这么多啊。我的 iPhone6 被我掰弯了，换了 iPhone7 又遇到了降频门事件，还有给我妹新买的 iPhoneX 屏幕也有故障，屏幕在低温情况下经常会失灵、乱跳。真是什么倒霉事都让我给赶上了。

大东　　其实现在的电子产品出现问题是在所难免的，我们应该以理性的态度来看待问题。

小白　　其实道理谁都懂，只是想要真正地做到就太难了。

大东　　我们用生活中的挫折来磨练自己，以一个积极的心态去看待问题，一定会有不一样的收获。

小白　　嗯嗯，东哥，话说你还知道哪些电子产品出现严重问题的例子。

大东　　其实就在我们国家举办奥运会的那一年，微软就出现过一次黑屏事件。

NO.2 话说事件

小白　　举办奥运会的那一年不是 2008 年吗？这是好早的事情了，那这个黑屏事件到底是什么情况呢？

大东　微软黑屏事件就是指微软（中国）在 2008 年 10 月 20 日宣布的两个重要通知：Windows 正版增值计划通知和 Office 正版增值计划通知。根据通知：未通过正版验证的 XP 系统用户，计算机桌面背景将自动变为纯黑色，用户虽然可以重新设置背景，但每隔一小时，计算机桌面背景又会自动变为纯黑色。

小白　哦！微软这是为了打击盗版吧，我还以为是什么病毒呢。

大东　很多人觉得其实这个黑屏也没什么影响，因为这个黑屏不是说系统直接退出或者不能运行，而是计算机的桌面背景会变成纯黑色，这其实并不影响用户的正常使用。

小白　我觉得打击盗版是好事啊，据说在美国、日本下载原版的歌曲或者 App 都是要收费的。

大东　其实微软在中国发布 Office 正版增值计划通知前，一些国家已经开始实施该计划了，主要包括土耳其、智利、西班牙和意大利。

小白　没想到有这么多国家有盗版系统的存在。

大东　其实从微软产品在中国开始销售的第一天起，微软盗版软件就产生啦，这其中有着巨大的利益。而盗版畅行的原因跟微软也有关系，微软之前一直关注欧美市场，根本不在意中国市场，这也为盗版软件的发展创造了机会。

小白　我认为这么多人使用盗版，是因为正版价格过于昂贵，Office 2007 在中国推出的学生版促销活动都需要 199 元，而它的盗版品却只需要 5 元人民币左右。这价格相差还是很大的。

大东　这个还是要看从哪个角度来考虑了，微软之前采用统一的价格，没有考虑到中国的市场行情，也没有考虑到发达国家与发展中国家收入的差距，所以还是希望微软能够多考虑中国用户的价格承受能力。

小白　我还记得之前 Windows XP 简体中文专业版售价 2578元，这也太贵了吧。

大东　但是使用盗版软件的风险还是很大的，我们一定要对计算机做好防护措施，不要轻易下载网上的破解黑屏的软件，这种软件大多是被黑客植入病毒的程序，一旦下载，计算机就会被植入病毒，甚至一些重要的隐私信息会被窃取。

小白　那如果下载正版的软件，是不是就安全了呢？

大东　并不是这样，因为微软的系统也会出现各种各样的漏洞，如果我们使用的是盗版软件，那系统很有可能不会自动安装漏洞补丁。

小白　那有什么解决办法吗？

大东　当然有了，一种办法是你可以根据微软发的漏洞通知去找相应的补丁。

小白　这也太麻烦了吧，有没有简单一点的方法呢？

大东　当然有了，你也可以下载一些个人防火墙，安装完防护软件并启动后，软件会自动提醒你修复相应的漏洞。

小白　这可真是懒人的福音呀，那我再也不怕被病毒入侵了。

大东　小白，你这个思想是不对的，尽管防护软件可以防御大部分的攻击，但是如果防护软件这么好用的话，怎么还会有那么多计算机被入侵呢？

小白　这样说也对哦。

大东　所以我们防范病毒的最佳措施就是提升自己的安全意识。

NO.3 大话始末

小白　东哥，听你讲了这么多，我觉得还是不使用盗版为好，一旦计算机中了病毒影响使用了，那就是赔了夫人又折兵啊。可是大东，黑屏是为了打击盗版维护自己合法的知识产权吧，但不知道黑屏期间微软会不会像黑客一样窃取用户的个人信息呢？

大东　小白，你这个问题问得非常好，这点确实在当时引发了各种各样的争议，虽然微软一再声称，黑屏是为了打击盗版，维护自己合法的知识产权，但也有人质疑：黑屏到底是不是对知识产权的滥用？

小白　那微软这一行为是否侵犯了用户的计算机使用权，盗版的使用又是否合法呢？

大东　计算机是硬件和软件的统一体。用户对计算机的使用最终要通过对软件的使用体现出来。正如尹田所说："如果用的是盗版软件，那对计算机的使用就是不合法的。"

小白　黑屏所造成的妨碍是否过度也很难界定吗？

大东　如果黑屏不影响其他程序的使用，不对机器本身产生损害，也没有造成重要资料丢失或者个人信息被盗，那这种妨碍就不过度。我们依据《中华人民共和国物权法》（已于 2021 年 1 月 1 日废止，相应内容收入《中华人民共和国民法典》的物权编）很难否认黑屏的合法性，这种方式本身没有太大的问题。只有在公平竞争的市场环境下，知识产权制度才能发挥作用。

> **小白** 好绕啊！

> **大东** 简单来说，这个黑屏事件不会窃取我们的隐私，但是我们应该关注的是微软使我们计算机黑屏的方法，防患于未然嘛！

> **小白** 这样想想也对哦，既然微软能让我们的计算机黑屏，那以后会不会也使用这样的方式来窃取信息什么的呢？或者如果有黑客掌握了这种方法，那我们的计算机岂不是很危险？

> **大东** 小白，你这个分析思路是值得肯定的，但是我们也不能从最坏的角度看待问题，至少微软的声誉还是很好的，其所采取的黑屏措施也是为了维护自己的合法权益。

> **小白** 那黑客掌握这种方法来攻击我们的计算机，这种可能性总是有的吧？

> **大东** 不错，我们不可能把希望全寄托在系统厂商的安全措施上，我们应该提高自己的安全意识，保护好自己的重要隐私数据。

NO.4 小白内心说

> **小白** 针对微软黑屏举措，大家都有什么反应呢？

> **大东** 针对微软黑屏举措，许多使用盗版软件的用户开始在网上寻找各种解决办法，但是在下载的时候一定要注意，不要被黑客利用这个契机对我们的计算机植入病毒。

> **小白** 这些黑客还真是无孔不入啊，只要有利益的地方就一定会

有黑客的存在，这个"勤奋"的态度是值得我学习的。

大东　哈哈，我们应该做一个勤奋的"白帽子"来保护网络的安全。

小白　东哥，那你能讲一下黑客一般会对我们的计算机做什么手脚吗？

大东　微软相关数据显示，目前已有网络黑客利用用户图便宜使用盗版软件的心理，通过各种攻击方式来冒充破解黑屏的程序，从而使得用户下载病毒程序，用户点进程序后计算机就会植入相关病毒。调查数据表明，现在网络安全防御软件已发现多种假冒破解黑屏的软件或程序。

小白　大东你那么厉害一定有办法的，你教教我怎么防止计算机出现黑屏呗！

大东　那要从两种情况考虑了。第一种情况是使用的是正版Windows 操作系统，系统会给使用正版的用户发送更新消息，在系统更新完成后，用户将会看到一份协议，在签署完相关协议并确认信息后，程序才会被启动。

小白　也就是说如果我使用的是盗版软件，那么就不会接收到协议，然后系统就会黑屏对吗？

大东　对！但现在很多使用盗版软件的用户会把系统的自动更新功能关闭，这样即使使用的是盗版软件也不会黑屏了。

小白　第二种情况呢？

大东　如果用户现在使用的是微软的盗版软件，可以打开服务（services），找到"Automatic Updates"这一项，然后禁用掉该服务，这样就可以关闭计算机系统的自动更新功能，也就不会因为使用盗版软件而黑屏了。

小白 可是大东，万一我没来得及关闭自动更新功能，真的因为盗版黑屏了怎么办？

大东 把计算机扔了换新的。

小白 认真的？

大东 开玩笑的，你可以把自动更新功能关掉，然后下载安全工具，从工具中下载补丁，在工具中检查系统漏洞。

小白 学到了！

大东 但出于对知识产权的保护和个人使用安全的考虑，我还是呼吁大家一定要购买使用正版软件啊！

思维拓展

1. 如何看待微软黑屏事件？

2. 相比使用正版系统，使用盗版系统有什么危害？

3. 盗版系统或软件经常会被人植入恶意代码，有什么方法可以检测恶意代码以保护个人计算机？

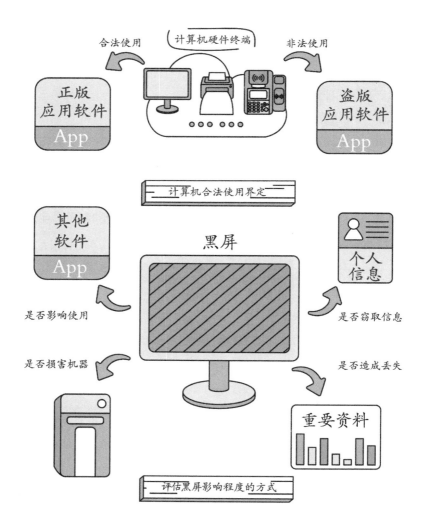

合法使用　　　计算机硬件终端　　　非法使用

正版
应用软件
App

盗版
应用软件
App

计算机合法使用界定

其他
软件
App

黑屏

个人
信息

是否影响使用　　　　　　　　　　　是否窃取信息

是否损害机器　　　　　　　　　　　是否造成丢失

重要资料

评估黑屏影响程度的方式

第 2 篇

魔道相长

　　新攻击手段层出不穷，是网络安全江湖永恒的主题。常言道："道高一尺，魔高一丈。"诚然，魔与道之间的此消彼长构筑了网络安全世界最精彩的部分，但我们更乐于见到邪不压正的情节。在本篇中，读者朋友们可以通过短信嗅探、网站镜像、流量劫持、位置隐私、Wi-Fi 探针、DDoS 攻击、逻辑炸弹等五花八门的新型攻击手段体会攻击者对软件、硬件的攻击招数，也会为隐私窃取者毫无底线的敛财手段拍案而起。见识了魔道相长，我们才能体悟到"正"的难得，也才能真正意识到"正者无敌"这短短 4 个字蕴含的气概与力量。

眼睛一闭一睁，盘缠没了，嚎——

防范"短信嗅探"既要靠技术，也要靠法治。

NO.1 小白剧场

小白 大东，近期各地陆续发生了一些利用短信验证码冒用身份的案件，攻击者窃取银行账户、金融类 App 中的财产，受害者蒙受了极为严重的经济损失，这事儿你知道不？

受害者收到的短信验证码

大东　　知道的，眼睛一闭一睁，发现各个支付平台及关联银行卡内的资金不翼而飞了。攻击者利用各银行、移动支付平台等存在的漏洞，窃取个人账户信息，并通过"短信嗅探设备"截取短信验证码，盗刷受害人资金。受害的人可不少呢。

小白　　这事情太蹊跷了。别人银行卡里的钱都被偷走了。

大东　　贼若有良心还能成为贼？不过这种事情也不是第一次发生了。

小白　　真是可怕，网上还有一些疑似专业人士分析，说这是一种伪基站实施的"全球移动通信系统（Global System for Mobile Communications，GSM）劫持 + 短信嗅探"网络身份攻击技术。这种技术又重出江湖，再次作案，大东，"GSM 劫持 + 短信嗅探"是什么技术啊？

大东　　这件事情我不确定是不是通过"GSM 劫持 + 短信嗅探"技术引发的，但是我可以先给你讲讲这个技术。

NO.2 大话始末

◇短信验证的漏洞

大东　　在非智能手机时代，攻击者要入侵手机窃取短信是比较困难的——不是不可能，只是比较困难。但随着智能手机的普及，入侵手机窃取短信已经变得比较容易。

小白　　现在为了图方便，账户都是用手机号注册的，登录也是用短信验证码完成的，所以现在很多 App 都有读取短信的权限，这本身就是很大的隐患。

大东 看来你的安全意识蛮高的啊。

小白 每次想要使用一个软件，都必须同意它的政策，否则就根本没有办法使用这个软件。我曾经尝试过点拒绝，但是这样我连软件都无法使用，于是只能每次都点同意。时间一久，我已经不看软件要获取什么权限了。同时我也觉得这存在很大的安全隐患，App能读取我的短信，它也可以借助这个权限去做其他事。

大东 这可能就是现代人的隐痛之一——被迫同意的权限。另外，还有一个功能也有很大的隐患，就是云端同步功能。很多手机都会自动把短信同步到云端，如果攻击者掌握了你的云账号信息，那么你的所有短信也就手到擒来了。

小白 感觉像是把自己的短信送到攻击者手里了。这个很大程度上都依赖于企业的云端存储的安全措施是否可靠以及云账号信息是否比较容易被攻破。

大东 还有就是你把手机丢了。

小白 这确确实实是把短信捧着送到攻击者手里了！不仅是你的短信，还有你的其他信息，现在丢了手机比丢了其他东西更可怕呀。

大东 甚至不入侵手机也可以窃取到短信。前几年，有些运营商推出了"短信保管箱"业务，用户可以用计算机在运营商网站上在线读取短信。

小白 这又给攻击者增加了一个新的获取短信的机会。计算机被入侵了，短信也就保不住了。那如果上述几条都被聪明的我避免了，是不是短信就不会被窃取了呢？

大东　这就要说到"GSM 劫持 + 短信嗅探"技术了，我们先了解短信传输的过程吧！

小白　啊，防不胜防啊！短信是怎么传输的呢？

大东　短信是一种电信服务业务，它可分为点对点短信和小区广播短信两种类型。其中，点对点短信传输是利用信令和信道来进行简短信息的传送的，可在手机之间或从计算机端向手机发送信息。我们平时发的短信几乎都属于点对点短信传输。

小白　这个我可以理解，每个手机号就相当于一个点。

大东　对，当你收到别人传送给你的短信时，其实这个短信是首先被编码成小型数据包，然后通过短信业务中心发送到你手机信号所在范围内的基站，再由基站将短信发送到你的手机中的。

小白　哦哦，基站成了短信的一个跳板。基站也可以理解为快递的中转站，那如果中转站有问题，短信岂不是很容易被盗取啊。

大东　你发现了问题的关键。没错，基站在短信传输过程中发挥着至关重要的作用。

小白　那刚刚说的"GSM 劫持 + 短信嗅探"和基站有关系吗？

大东　当然！伪基站就和此相关，我们来说说伪基站吧。

小白　好的好的。

◇ "GSM 劫持 + 短信嗅探"

大东　伪基站顾名思义是一个假的基站，一般是由一个主机和一台笔记本电脑或一部手机伪装成运营商的基站，利用 2G 移动通信的缺陷，扫描信号覆盖范围内的手机号码，冒用他人手机号码强行向用户手机发送诈骗、广告推销等短信。

小白 原来手机里的垃圾短信是这么来的。有时候里面还有一些恶意链接。只用一个主机和一台笔记本电脑就可以伪装成一个伪基站了，感觉犯罪成本有点低。这个伪基站的覆盖范围有多大呢？

大东 一般覆盖范围在 500 米到三四千米，功率为几十瓦。

小白 那犯罪分子挑选一个人员比较密集的场所岂不是很容易得手，例如商场或者居民区之类的。

大东 是啊。

小白 那我们无法鉴别基站的真伪吗？

大东 这是由于 2G 网络存在一个漏洞——单向鉴权，即只有网络对用户手机的鉴权认证，用户手机却无法识别基站真伪，只能进行回应，这样伪基站就可以获得用户手机的国际移动用户识别码（International Mobile Subscriber Identity，IMSI）（在所有蜂窝网络中均具有唯一性），可以向其发送短信并拦截收到的短信。

小白 但是现在大部分地区都是 4G 网络，而且 5G 网络也在普及中。

大东 没关系啊，犯罪分子可以通过"强制降网"方式来强迫用户手机从 4G 网络转向 2G 网络。

小白 啊？怎么做到的？

大东 具体的做法就是通过特殊电磁设备实现通信信号干扰、压制或令信号质量不佳，无法实现 4G、5G 等高质量通信，转而启动最基本的 2G 通信模式，从而实现通信信号降频和强制降网。

小白　这个成本低吗？

大东　这个过程从技术上实现并不复杂，因此攻击者经常使用。

小白　唉，不过现在很多涉及重要信息的操作（如转账、付款）都需要短信验证码的辅助，那黑客是怎么知道我手机里的短信验证码的呢？难道手机短信没有被加密吗？

大东　这就是"GSM 劫持 + 短信嗅探"技术了，这种攻击的原理是因为 GSM 短信没有加密，所以不法分子可以用一些窃听手法"听"到短信内容。这种方法是被动的，就是只"听"，不发射任何非法的无线信号。

小白　听起来过程很简单，这样操作短信验证码就会被别人知道了吗？

大东　因为短信所用的无线信道并不是那么可靠。虽然目前国内 3G/4G 网络已经普及，但大部分地区只是上网用 3G/4G 网络，短信还是通过不安全的 GSM 网络发送，而 GSM 是非常容易被监听的。

小白　不会吧，GSM 可是应用最广泛的移动通信系统，这么容易被监听？

大东　你还别不相信，早在十几年前，如果要通过监听无线信号窃取短信，所用设备至少价值几十万元。但在今天，数千元就能买到同样功能的设备。

小白　数千元就可以盗取私人短信？

大东　如果要求不高并且愿意自己动手，那么花上不到一百元也能做出勉强可用的设备。

小白 这投入成本也太低了吧，简直就是"空手套白狼"。

大东 我甚至还知道监听短信的方法。

小白 有意思，说来听听？

大东 早在 2013 年，TK 教主（来自腾讯玄武实验室的专家）就在一个演讲中谈到过此事。

小白 话说回来，黑客知道了我的短信验证码，登录的时候需要的手机号又是怎么知道的呢？

大东 知道你的手机号就更简单了。以中国移动为例，在短信劫持的帮助下，不法分子劫持到中国移动 139 邮箱发送来的短信后，复制其中的链接到浏览器，点击"进入掌上营业厅"，就可以直接看到手机号了。

小白 为我们提供服务的平台，到头来被利用，为他人做嫁衣。

大东 值得注意的是，有专家指出，账户资金被盗刷是多种因素造成的，短信嗅探只是其中一环，根源仍在个人信息泄露。受害者的手机号、平台账号、身份证号、银行卡号等个人信息应该已经泄露过，否则不法分子仅凭一个验证码，无法完成借款、转账等操作。

小白 这个我知道，黑产运行下的我们都没有秘密。黑客通过短信嗅探获取短信内容后，再登录其他的网站进行黑产操作，就能获得更多的信息，例如银行卡号什么的。

大东 很不错嘛，小白。

NO.3 小白内心说

小白　人人都避免不了用短信验证码，有哪些防范措施可以避免被攻击呢？

大东　平时保护好个人的账号、手机号、身份证号等敏感信息，在不同的平台使用不同的账号密码，降低"撞库"风险。

小白　但是不同平台使用不同密码太难记了啊！

大东　还有就是在有条件的平台选择邮箱账号等作为登录账号，并开启人脸、指纹等多种验证方式。

小白　这个方法很可行，不过我的手机还没有人脸识别功能。

大东　看到奇怪的验证码和短信，或是手机信号突然从 4G 降到 2G，要马上意识到可能已被劫持攻击，然后立即向相关支付平台或者金融机构核实。发现资金受损，保留好短信证据，尽快报警。

小白　现在就没有一些短信加密的技术来保护我们的短信吗？

大东　有倒是有，感兴趣的话你可以查一查。安全行业内的普遍做法是对交易过程中的短信验证码进行加密，来保证被劫持的短信不能直接用于交易，但我觉得这个也是"脚痛医脚"的方案。

小白　那我们对短信验证码泄露问题就束手无策了？

大东　办法是有的，可以尝试开通长期演进语音承载（Voice over Long-Term Evolution，VoLTE）功能，让短信也通过 3G/4G 网络传输，增加攻击者通过无线监听窃取短信的难度。具体方法如下图所示。当然光靠个人用户的努力是不够的，还是需要大家共同努力，包括运营商、手机厂商和互联网公司。

电信用户发送"KTVoLTE"到10001，
移动用户发送"KTVoLTE"到10086，
联通用户发送"VBNCDGFBDE"到10010。

开通 VoLTE 功能的方法

小白　我先去开通 VoLTE 功能了。

思维拓展

1.为了防止你的短信被嗅探，你觉得有什么好办法？

2.文中提到了可以开通 VoLTE 功能，为什么 VoLTE 功能比普通的短信功能更安全呢？

被人用搜索引擎蹭热度的"我院"

雄兔脚扑朔，雌兔眼迷离；双兔傍地走，安能辨我是雄雌？

NO.1 小白剧场

小白 大东东，今天我在搜索引擎上搜"中科院"，你知道我搜到了啥吗？

大东 有啥有趣的新闻吗？

小白 这倒不是什么有趣的东西，反而我觉得有点可怕！我搜到了好多奇奇怪怪的网页。

大东 不是吧？我查官网没有问题，一切正常呀！

小白 我还没说完呢，你在前面加上"diss"关键词再搜。你看看这搜到的都是些啥啊！

大东 这不搜不知道，一搜吓一跳呀。我搜出来好多跟中科院不相关的网站。

小白 东哥，这到底是什么情况？可不可以从技术层面解释一下？

大东 从技术上来说，这很可能与搜索引擎的 SEO 有关。

NO.2 大话始末

◇搜索引擎那些事儿

小白　SEO 是什么?

大东　SEO 就是搜索引擎优化(Search Engine Optimization)。它是一种利用搜索引擎的搜索规则来提高目前网站在有关搜索引擎内的自然排名的方式。

小白　嘿,搜索结果的排序就跟这 SEO 有关?

大东　一定程度上是的。搜索引擎根据一定的策略、运用特定的计算机程序从互联网上搜集信息,在对信息进行组织和处理后,为用户提供检索服务,将与用户检索相关的信息展示给用户的系统。

小白　那我懂了。

大东　不过,小白,这个 diss 是啥意思?

小白　哈哈,没想到还有大东东没听过的流行语呀。这个 diss 呢,要不你先叫我一声哥哥吧,我再详细地和你说说这个 diss 是啥意思。

大东　你很调皮呀!

小白　小气鬼,不叫就不叫吧,我这么热心肠还是要和你说的。diss 呢,是英文单词 disrespect(不尊重)或是 disparage(轻视)的简写。以前它用在嘻哈文化中,说唱歌手之间用唱 diss 曲的方式来互相贬低和批判。随着国内某选秀节目的走红,diss 这个词就被带向了网络世界,现在这个词语也被用在生活中来表达人们的不满。

大东 跟不上你们年轻人了。

小白 大东东，那搜索引擎在这件事里出了啥问题呀？

大东 你看，一旦我们在关键词"中科院"的前面加上别的关键词，搜索结果排名靠前的就是一些"污染眼球"的东西，这与两个关键词的组合搜索策略有关。我们再搜索其他与"diss"组合的关键词，搜索结果都很正常，说明很可能有人利用了"中科院"关键词和搜索引擎策略，恶意蹭中科院的搜索热度。

小白 这也太可怕了，这是赤裸裸地蹭咱流量啊！

◇真假"美猴王"

小白 大东哥哥，可是我一看到关于"中科院"的网站我就想点进去，但是我又害怕自己上当了。

大东 这个你就得注意一下了！有时这种情况真的挺难辨别的，看到这种情况我的头也大。

小白 这就像小时候看的真假"美猴王"，真假难辨。

大东 没错，小白同学你这个比喻很形象。其实说到底，这是利用了网站镜像技术。网站镜像通过复制整个网站或部分网页内容并分配以不同域名和服务器，来欺骗搜索引擎对同一站点或同一页面进行多次索引。

小白 普通用户根本难以辨别啊！

大东 确实，假网站和主站并没有太大差别。不过，大多数搜索引擎都提供有能够检测镜像站点的适当的过滤系统，一旦发现镜像站点，过滤系统就会对源站点和镜像站点进行处理，帮助普通用户完成部分鉴别工作。

小白　没想到竟然还有这种技术呢，这应该不会是为了恶意利用产生的吧！

大东　这倒不一定，镜像网站存在两种情况。一种是网站主动建立，将同一个网页内容放在不同服务器上建立镜像网站，并随时保持各个服务器上内容一致，可以对用户访问分流，也可作为网站的后备措施，一旦出现不能对主站进行正常访问的情况，例如某个服务器宕机了，那么镜像网站仍能通过其他服务器实现正常浏览，给主站留下了排查问题的时间。

小白　如果我也有镜像，那么不想上学时就让他替我去。

大东　想什么歪点子呢。相对来说主站在访问速度等各方面都比镜像站点略胜一筹，那你能保证你的镜像不给你在外面闯祸吗？

小白　嘻嘻，说回正题，另一种网站镜像就是恶意建立的吧！

大东　没错，这种技术也为他人的恶意复制提供了可乘之机。这有可能会导致正确网站的流量明显减少，在搜索引擎的 SEO 中排名降低。当网站被镜像后，如果不及时处理，时间一长很容易被降权，如果再想恢复就比较难了。

小白　这么看来，SEO 技术也有可能被恶意利用了！

大东　你的考虑没错。SEO 也分黑帽和白帽两种手段。通过作弊手法欺骗搜索引擎和普通访问用户的手段被称为黑帽，例如隐藏关键词、制造大量的 meta 标签和 alt 标签等，它们将会受到搜索引擎的惩罚。而通过正规技术和方式，且被搜索引擎所接受的 SEO

技术，就称为白帽了。

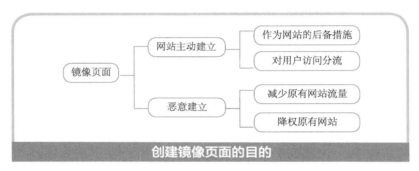

创建镜像页面的目的

小白 原来是这样，它们具体都是怎么做的呢？

大东 搜索引擎优化中，白帽手段遵循搜索引擎的接受原则。这样的方法一般是为用户创造内容，使得这些内容易于被搜索引擎机器人索引，同时并不违背搜索引擎系统的规则。如果网站在设计或构建时出现失误，导致该网站在搜索引擎中的排名靠后，白帽手段就可以发现并纠正这些错误。常见的失误有机器无法读取到选单、存在无效链接、临时改变导向、存在效率低下的索引结构等。

小白 那么黑帽是怎么做的呢？

大东 黑帽手段主要是通过欺骗技术和滥用搜索算法，来推销毫不相关的网页，以达到商业目的。黑帽 SEO 的主要目的是让网站得到较高的排名，提高网站的曝光率，但这可能导致搜索引擎返回令普通用户不满的搜索结果。因此搜索引擎一旦发现使用黑帽手段进行 SEO 的网站，必定会对其进行惩罚，轻则降低其排名，重则从搜索结果中永远剔除该网站。

小白　呀，风险很大呢。

大东　一般情况下，选择黑帽 SEO 服务的商家，一部分是因为不懂技术，在没有明白 SEO 价值所在的情况下被服务商欺骗；另一部分则只注重短期利益，并不是真心想做网站，而是存在赚一笔就走人的心态。

小白　看来还是要及时补充知识，才不容易被骗呐！那这个假猴王，我们得怎么治呀？

大东　把它关进动物园或者放进大山。不慌，防止镜像的办法当然有了，最有效的办法就是屏蔽 IP，找准镜像网站的服务器 IP 地址，在 Web 服务器的配置中设置成禁止访问，先屏蔽掉镜像网站所属 IP 的访问行为，阻止镜像网站通过技术手段不断地抓取自己网站的信息。IIS、Apache 或者 Ngnix 等服务器均有相应的设置方法。

小白　噢，这个方法可行！

大东　也可以向搜索引擎的举报平台进行投诉，我们投诉以后，就搜不到了。记住了，如果是在百度搜索到的，可以向站长平台反馈；如果镜像站点中涉及恶劣赌博、色情内容，还可以向举报平台投诉。

小白　那对各网站来说，有预防他人恶意镜像的办法吗？

大东　有，站主可以改变网站程序位置，由根目录换到一级目录。因为恶意镜像只能解析 IP，而无法与目录进行绑定。此外，还可以把网站内的所有路径都设置为绝对路径，这样做不仅可以最大限度地避免网站被恶意镜像，也有利于提升网站权重。

小白　咱中科院可不背这个黑锅！不过网络世界还真是陷阱重重啊！

NO.3 小白内心说

大东　其实这在黑产很普遍，钓鱼网站、暗链、网页篡改也是常见的伎俩。

小白　钓鱼网站我知道！钓鱼网站指的是伪装成其他网站的骗子网站，因为长得与原网站非常相似，所以很容易就骗取到用户的重要信息，通常用于窃取用户提交的银行账号、密码等私密信息。不过，这种障眼法可以轻轻松松被计算机杀毒软件识别。

大东　就是这样啦，小白有长进嘛，那你了解暗链和网页篡改吗？

小白　我保留实力，我还是想听大东哥哥讲。

大东　其实暗链就是看不见的网站链接。暗链在网站中做得非常隐蔽，短时间内不易被搜索引擎察觉。它和友情链接有相似之处，可以有效地提高网页的等级值和网站的排名。

小白　那要是暗链被坏人利用了呢？

大东　那就是暗链攻击了。黑客通过隐形篡改技术在被攻击网站的网页中植入暗链，这些暗链往往被非法链接到色情网站、诈骗网站，甚至包含反动信息的网站。

小白　哦！难怪有时候我想要在网页里查点资料，却总有些奇怪的网页或者弹窗冒出来，原来就是暗链啊！

大东　没错。而网页篡改是指黑客针对网站程序漏洞，向其植入木马、篡改网页、添加暗链或者嵌入非本站信息，甚至是创建大量目录网页。一旦网站信息被篡改，搜索引擎和安全平台将检测到该网站被挂马，然后会在搜索结果中提示有安全风险，搜索引擎和浏览器有可能对访问的用户进行拦截。

小白　　真是岂有此理！真想把这些坏蛋都揪出来，然后将它们一顿毒打，哈哈哈！

大东　　好了，今天的知识点，小白都学到了吗？

小白　　明白！网站镜像是完美复制品，钓鱼网站是妄想冒名顶替骗取人们钱财的"假货"，暗链是畅游网页时突然蹿出来打劫的"土匪"，网页篡改是游乐场里被"歹徒"偷偷埋下的"地雷"。

大东　　哈哈，话糙理不糙，看来小白是真的理解了。

思维拓展

1. 总结一下自搜索引擎软件开发以来人们获得的好处有哪些。

2. 所有搜索引擎应用存在的共同弊端是什么？请提供解决这些弊端的思路。

3. 每一样东西的出现，都会经历从无到有、从欠缺到完善的过程，搜索引擎软件也不例外。既然这样，那请你列举出一个搜索引擎在发展中遇到问题是怎样解决的实例。

10

从《复仇者联盟4》中的"时间劫持"到流量劫持

横看成岭侧成峰，远近高低各不同。

NO.1 小白剧场

小白 大东东，你看过《复仇者联盟4》吗？

大东 当然看过。

小白 那你还记得里面的时间劫持吗？

大东 当然记得了，这可是复联战胜灭霸的关键点。

小白 他们利用量子理论回到过去，借用过去的宝石到未来复活了伙伴们，再把宝石还回去，把灭霸彻底消灭，这段简直太爽了！

大东 看到这个剧情，小白你能从中学到什么东西吗？

小白 学到东西？当时光顾着看了，没想那么多。

大东 其实《复仇者联盟4》里的时间劫持和我们安全领域的流量劫持有相似之处。你要学会从生活的例子联想到安全领域的技术，这样安全意识才能迅速提高。

小白 嗯，我以后一定会注意的。不过，东哥，先讲讲这个跟时间劫持类似的流量劫持吧。

NO.2 大话始末

大东 流量劫持常常表现为通过恶意软件来修改浏览器。

小白 是怎样修改浏览器的呢？

大东 例如强制锁定浏览器主页并控制页面的弹出；强制访问指定页面，使用户的流量白白损失。

小白 我知道，我上网的时候会遇到这种情况，我明明想要打开网站 A，却莫名其妙地跳转到网站 B；本来想打开一个应用，却跳出一大堆烦人的广告；下载一个需要的软件时，安装完才发现根本八竿子打不着。

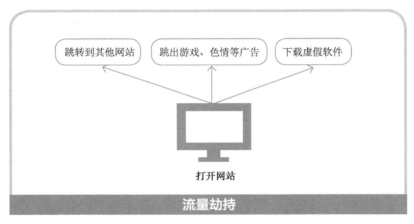

大东 这些都是流量劫持的常见形式。

小白 东哥，流量劫持是什么最新的话题吗，之前有没有出现过？

大东 流量劫持可是很久之前就已经在江湖上露面了，很多人士对此已经见怪不怪，认为它并不会使我们受到严重的损失。实际上，流量劫持可比我们想象的更聪明，危害性更大！

小白　啊，为什么会这么说呢？

大东　实际上，互联网中的访问量就相当于网络世界中的人流量，流量相当于一个互联网入口。

小白　那什么是互联网入口呢？

大东　互联网入口就是人们在上网时最常选择的途径或习惯，它能够决定用户的行为习惯和上网方式等。

小白　互联网入口有很重要的价值吗？

大东　当然！互联网入口在大数据时代具有极高价值，许多互联网企业都对其非常看重。

小白　为什么企业如此重视呢？

大东　举个实际的例子，目前手机上有许多赚钱的应用，基本模式就是通过做任务下载某应用来获得佣金，这其实就是厂商的一种推广方式。

小白　哦？那访问量又是通过什么方式带来实际利益的呢？

大东　假设一个应用或网站的某界面每天的独立访客（Unique Visitor，UV）数量为 20 万人，按照保守估计，其中 5% 的人去点击并下载被推荐的应用，那么厂商单凭这一个推荐位就能净赚 20 万元左右。

小白　有点懵。我现在是七窍开了六窍——一窍不通呀。

大东　我给你举个例子你就明白了。

小白　好！请东哥赐教！

大东 例如，用户通过某搜索引擎网站访问目标网站，那么目标网站就要计算通过这个入口的访问量，然后根据访问量付给搜索引擎网站佣金。

小白 原来是这样！

大东 一直以来，有需求就有市场。在互联网的世界中，有一个庞大的劫持流量的灰色产业链。据统计，仅以域名系统（Domain Name System，DNS）这种劫持方式被劫持的流量就达到每天上千万个 IP。

小白 真是哪里有钱赚哪里就有人动歪脑筋！

大东 利益动人心呀，这些流量的价值可以说是相当不菲。

小白 东哥知道相关的数据吗，有多么价值不菲呢？

大东 中介或买家如果按天来计算费用，千次 IP 的市场价格是 35 元至 70 元不等。假如每天能够劫持 5 万个 IP，那么每月就能够赚到 5 万元。更何况，这些黑客的手里可不止 5 万个 IP。

◇ **流量劫持方式**

小白 流量劫持能成功是因为系统漏洞吗？

大东 其实主要是 HTTP 存在缺陷，使流量劫持得以实现。

小白 那流量劫持的方式都有哪些？

大东 其实流量劫持的方式有很多种，常见的主要有 DNS 劫持、内容分发网络（Content Delivery Network，CDN）入侵、网关劫持等。

小白 那这些方式有什么差异吗？

大东　不同的劫持方式所获得的流量有所差异。

小白　有哪些差异呢，东哥具体说说呗！

大东　首先是 DNS 劫持，它可以截获通过域名发起的流量，通过修改客户的 DNS 主服务器 IP 和备用服务器 IP 来达到劫持的目的，只劫持内容，域名不变，也可以跳转到新的劫持。直接使用 IP 地址的通信则不受影响。

小白　哦，原来是这样，那 CDN 入侵呢？

大东　只有在浏览网页或下载文件时才有 CDN 入侵风险，其他场合则毫无问题。

小白　那网关劫持呢？

大东　网关劫持就比较常见啦，用户的所有流量都难逃魔掌。

小白　那东哥，流量劫持具体是怎样实现的呢？

大东　目前互联网上发生的流量劫持基本上是使用两种手段来实现的——DNS 劫持和直接流量修改。

小白　这些都是什么意思呢，东哥具体说说？

大东　DNS 劫持主要通过劫持域名的 DNS 解析结果，将用户的 HTTP 请求劫持到特定 IP 上，使得客户端和攻击者的服务器建立连接，而不是和原本的目标服务器直接连接。

小白　这样会给用户造成什么影响呢？

大东　这样会影响用户的上网体验，甚至会窃取或篡改内容。在极端的情况下攻击者甚至可能伪造目标网站页面进行钓鱼攻击，要求用户提供银行账户及密码。

小白　原来是这样操作的！那直接流量修改呢，东哥？

大东 直接流量修改会在数据通路上对页面进行固定的内容插入，例如广告弹窗等。

小白 那客户发现数据被篡改了，中断传输不就好了？

大东 可不是这么想当然的！客户即便中断传输，并立刻建立与服务器的直接连接，数据也会被强制破坏。

小白 听起来像是在通路上携带自己的东西！听说过蹭流量的，第一次听说蹭数据通路的。

大东 哈哈，你说得很形象！

小白 东哥，说了这么多，流量劫持的根本原因到底是什么呢？

大东 流量劫持的根本原因其实是 HTTP 在通信双方身份校验和数据完整性校验方面并不完善。该问题得到解决，流量劫持便无机可寻了。

◇流量劫持现状

小白 那获得流量后，灰色产业链怎么将其变成钱呢？

大东 一般来说，流量劫持者将流量劫持后，有 3 种方式可以将其出售。

小白 哪 3 种呢？

大东 第一种为"直接合作"，就是将流量直接劫持至购买方的网站。

小白 第二种呢？

大东 第二种为"跳转合作"，例如国内第一例因流量劫持被判刑的案件就是这种方式。

小白　哦？能给我具体讲讲吗？

大东　此次事件发生在 2013 年年末至 2014 年 10 月这一段时间。当时有两名攻击者秘密谋划了一次流量劫持。

小白　又卖关子，东哥！快讲吧！

大东　哈哈，别急嘛！这两名攻击者搞来了多台服务器，并利用了恶意代码，恶意将互联网内用户路由器的 DNS 设置进行了篡改。

小白　篡改了之后，对用户造成了哪些直接影响呢？

大东　这样一来，当用户打开浏览器，访问其平时浏览的导航网站时，就会在不知不觉间将网站重定向至攻击者恶意设置的其他网站。

小白　那对攻击者来说，怎么从中获取利益呢？

大东　本次重定向的网站为一个导航网站，该网站所有者是一家科技公司，攻击者将获取的互联网用户流量出售给该科技公司，从中获取变卖的利益！

小白　原来是这样！那最后一种呢，东哥？

大东　第三种为"框架合作"，就是将流量劫持到自己的网站域名，引用购买方的网站内容，购买方也可以从中获益。

小白　方式还千变万化，这产业真"完善"！

大东　第三方购买这些被劫持的流量的目的主要是收集用户数据、进行商业竞争以及提高广告收入等。

小白　那他们的数据占有量规模如何呢？

大东　在这一行业中，有几家比较大的中介，每天都能够掌握数百万 IP 的庞大流量。

小白　数百万？数目真惊人呐！

NO.3 小白内心说

大东 虽然当前的技术尚无法杜绝流量劫持现象，但是互联网行业已经开始自觉行动起来抵制这一现象。

小白 互联网行业具体是怎么抵制的呢？

大东 2018 年 12 月，今日头条、360、腾讯、微博等 6 家互联网平台相关公司共同发表了《六公司关于抵制流量劫持等违法行为的联合声明》。

小白 这项声明主要规定了哪些内容呢？

大东 这项声明主要指明了流量劫持的破坏性，并提出加强对流量劫持进行打击的倡议。

小白 流量劫持问题真的是应该得到重视啊！

大东 在互联网的世界中，流量劫持是不可被忽视的问题。但是在监管方面，技术尚未成熟，效果不是很好。目前只有等待相关法规的完善，方能更好地应对这一问题。

小白 那运营商直接针对流量劫持事件进行打击不就能有效打压攻击者的嚣张气焰吗？

大东 事情可不是这么简单的！作为基础网络的运营商，即使要打击、防范流量劫持，黑客也能通过路由器等其他方式进行流量劫持，然后兜售流量。

小白 还真是很棘手的问题呢！难道是运营商针对流量劫持的防范措施不够健全吗？

大东 电信运营商当然对流量劫持事件制定了相对完备的防御措

施，但劫持系统还是会想方设法对目标进行渗透攻击。

小白　　比如说呢，东哥？

大东　　例如我们经常看到的 DNS 劫持攻击，在电信运营商里有省级 DNS 服务器、市县级 DNS 服务器，它们的级别是按照所管辖区域的大小划分的。

小白　　是不是不同级别的 DNS 服务器，它们的安全级别也不同？

大东　　当然！省级 DNS 服务器安全级别高，管理较规范，恶意劫持较少。市县级 DNS 服务器发生恶意劫持用户访问流量的情况就相对较多。

小白　　唉，看来我们不仅要提升核心技术，防御流量劫持攻击，更要注意整个系统的安全防护。不能在小地方出问题，让不法分子有机可乘！

● ● ● ● ● ● ●　思维拓展　● ● ● ● ● ● ●

1. 平时上网过程中，你都遇到过哪些形式的流量劫持呢？

2. 流量劫持的方式有很多种，常见的主要有 DNS 劫持、CDN 入侵、网关劫持，这 3 种方式有区别吗？如果有，请阐明区别在哪儿。

11

坚决守护"位置隐私"第一道防线

隐私是神圣不可侵犯的。

NO.1 小白剧场

小白　大东东，你是不是出去旅游啦？

大东　哈哈，小白，看来你是刷微博小能手呢。

小白　互相关注、互相关心嘛！你听，叮！粉丝数量加1。

大东　难得遇到假期，和家人一起，去感受外面的世界。

小白　 不过，大东，你可得小心呦。我感觉现在我们的生活在网上都是暴露无遗的。

大东　在大数据时代隐私问题确实存在于每一处。不如让我们来聊一聊位置隐私吧。

NO.2 大话始末

◇无处不在的危机

小白　大东，位置隐私是指什么呀？

大东　位置隐私是物联网用户的位置信息，是物联网感知信息的基本要素之一，也是物联网提供基于位置服务的前提。位置信息在带来服务便利的同时，也会泄露我们的隐私。

小白　攻击者根据位置信息还可以推断出其他信息吗？

大东　当然啦，攻击者能够根据位置信息推断出用户的兴趣爱好、运动模式、健康状况等个人隐私信息。

小白　大东，其实我们现在大部分人使用的手机都会提供位置服务呢。我们出门旅游找不到路，都会使用带有 GPS 功能的地图。

大东　确实是，位置服务提供了很大的便利。位置服务是基于地理位置所提供的服务，用户手持的移动终端与无线网络相互配合，在空间数据库的支持下，可以确定用户的地理位置或坐标，进而提供相应的服务。

小白　是呀，确实方便了，同样也暴露了！

大东　哈哈，有道理。位置隐私保护和基于位置服务是一对矛盾体，基于位置服务的服务质量越高，用户的位置隐私往往就越容易泄露呢。

小白　不过，保护位置隐私还不简单吗？关掉手机定位功能，别人想找到我都难了。

大东　不不不，大错特错。小白，你是不是觉得自己只要关闭了 GPS 定位功能，别人就没法跟踪你的位置了？

小白　难道不是吗？

大东　当我们初次使用某些软件时，它们会让我们选择是否获得位置权限。虽然在第一次获取时需要征求同意，但是一经同意，这些软件就不再受控制啦，它们会持续不断地窥探我们的位置，就算你关闭"位置记录"也没有用。

小白　也就是说这个所谓的"暂停位置记录"功能也就是一个安慰人心的摆设而已！

大东　小白呀，你不是经常购物嘛。

小白　天呐，我的收货地址那就是明晃晃的位置信息嘛！

大东　网络世界没有绝对的安全，连 Facebook 都被爆出贩卖用户隐私数据呢。

◇侵犯与保护同在

大东　其实呀，哪里有侵犯，哪里就有保护，物联网位置隐私保护的目标是防止他人在用户不知情时获取用户在过去或现在的位置或轨迹信息。

小白　增加位置的不确定性，使攻击者不能确定用户具体的位置，或者消除用户身份与位置之间的关联性，使攻击者不能将用户及其访问的位置关联起来，这些就是很好的办法呢。

大东　我们还可以增加用户身份的不确定性，使攻击者不能确定用户的身份。

小白　我们现在所推广的物联网就存在着很多可以暴露用户位置隐私的方式，而且位置隐私的保护与基于位置的服务确实是很矛盾的。

大东　物联网中设备的能量、带宽等资源往往有限，需要轻量级的隐私保护机制。这些都对研究和设计位置隐私保护机制提出了挑战。而且往往用户对基于位置的服务的要求越高，他的位置隐私就越容易泄露。并且在不同的环境之下、不同的人群之中，人们对于位置隐私保护的要求也是不一样的。

小白　那这些保护机制会不会让用户使用系统的体验下降呢？

大东　小白，你提出的这一点考虑非常不错。设计物联网隐私保护机制时，还需兼顾数据的可用性以及系统的高效性。隐私保护机制通常需要在原有系统中加入复杂的算法，对用户的身份和位置数据进行处理，这样做虽然提高了用户位置隐私的保护力度，但是降低了数据的可用性以及系统的高效性。因此，在设计隐私保护机制时，需在位置隐私保护与数据可用性、系统高效性之间确定一个平衡点。

小白　听起来很难的样子呢。

大东　在物联网中实现位置隐私保护存在一定的难度，面临诸多挑战。例如，物联网中泄露用户位置隐私的方式多种多样；位置隐私保护和基于位置的服务相互矛盾；不同用户对位置隐私保护的要求不一样，同一用户在不同地点、不同环境下对位置隐私保护的要求也可能不一样。

小白　为什么要分不同保护要求呢？都是最高级不好吗？

大东　一方面原因是数据使用上的需求；另一方面原因则是物联网中设备的能量、带宽等资源往往有限，需要轻量级的隐私保护机制。这些都对研究和设计位置隐私保护机制提出了挑战。

小白　原来如此。

大东　科技也在进步。问题慢慢暴露出来后，技术上就有了发展的方向。现在已经有了一些位置隐私保护的机制，例如对定位过程中的位置隐私泄露的保护，对位置服务过程中的位置隐私泄露的保护，以及对能够推测出用户位置信息的相关信息的隐私泄露保护。

小白　　在技术发展的同时，作为用户也应该严防死守呀。

大东　　从正规渠道获取应用资源，在使用服务时不要轻易同意不必要的授权，定期查看在应用上留下的历史、第三方授权等记录，及时清理无用的数据都是好的办法呢。

小白　　严防死守，坚决守护第一道防线！

NO.3 小白内心说

小白　　说了那么多位置隐私保护面临的挑战，那现在有成熟的保护技术吗？

大东　　当然有了，有问题出现就要马上解决。传统的位置隐私保护技术可以归纳为 3 类：基于数据失真的位置隐私保护方法、基于抑制发布的位置隐私保护方法以及基于数据加密的位置隐私保护方法。不同的保护技术面向的需求不同，实现原理也不同，在实际应用中各有优缺点。

小白　　大东东，快给我讲讲。

大东　　基于数据失真的位置隐私保护方法是指通过让用户提交不真实的查询内容来避免攻击者获得用户的真实信息。对数据采取的处理技术主要包括随机化、空间模糊化和时间模糊化 3 种形式。一般的工作机制是，在移动用户和服务器之间存在一个可信任的第三方服务器，该服务器可以将用户的位置数据或查询内容转换成接近但不真实的信息，然后再提交给服务器。反方向传递信息时，又将服务器返回的针对模糊数据的查询结果转化成用户需要的结果。

小白 明白了，相当于我和外国人聊天时带了个翻译。

大东 基于数据失真的位置隐私保护方法只考虑当前时刻的位置是否会暴露用户的敏感位置，然而，用户的隐私信息可能会由于位置数据在时间和空间上的关联而泄露。考虑到这一点，基于抑制发布的位置隐私保护方法可根据泄露模型，判断当前待发送的信息是否违反隐私需求，从而在线决定是否发送这条信息。

小白 那么岂不是普通用户也没法接收到这条信息了？

大东 是的，这也是这种方法存在的缺点。一方面，基于抑制发布的位置隐私保护方法提交了用户的真实查询信息，当攻击者具有用户的背景知识时，攻击者可以根据用户发布的位置直接得到用户所在的位置；另一方面，基于抑制发布的位置隐私保护方法牺牲了位置服务应用的可用性，用户在查询被抑制时无法得到服务。

小白 也许在隐私需求提升的时候，可以考虑采取这种方法。

大东 前面两种方法达到了对位置大数据隐私保护的目的。然而，这两种方法无法满足具有较高隐私需求用户的要求。基于数据加密的位置隐私保护方法利用加密算法将用户的查询内容（包括位置属性、敏感语义属性等）进行加密处理后发送给服务提供商。服务提供商根据接收到的数据在不解密的情况下直接进行查询处理。服务提供商返回给客户端的查询结果需要用户根据自己的密钥进行解密，并获得最终的查询结果。

小白 查询全程都不解密，保护等级很高呢！

大东 在这个过程中，服务提供商因为没有密钥，无法得知用户的具体查询内容，甚至对返回给客户端的查询结果的含义也无法掌握，所以这个方法能满足安全等级较高的需求。

小白　　太厉害了，那我就不害怕隐私泄露问题啦。

大东　　那可不行，除了专业技术的保护，作为普通用户，也要在日常使用中注意自己的位置隐私保护。

大东　　一方面，保护个人隐私，关闭不必要的位置定位服务，在使用移动应用程序时，小心分享自己的位置信息。另一方面，启用带有定位服务的应用程序会严重缩短电池的使用寿命和时间，也会向不怀好意的人暴露用户的行踪，用户的地理位置信息泄露会导致过多的服务商定向广告推送，也可能被犯罪分子恶意利用。

小白　　所以呀，只在需要时打开定位服务功能，对吗？

大东　　是的，另外，还要避免在社交网络上泄露可能被他人拼凑并进行恶意利用的敏感碎片信息。

小白　　我知道！例如朋友圈中的定位信息。

大东　　没错，这点在日常生活中很容易被忽视。

小白　　现在明白啦，位置隐私保护从我做起！

思维拓展

1. 手机选项中的"暂停位置记录"功能是否有用？点击"暂停位置记录"后，是否可以阻止位置继续暴露？请简要回答。

2. 用户自身可以怎样保护自己的位置隐私？请简要回答。

12

探针如何让你的手机隐私秒变·小·透明

非礼勿视，非礼勿听，非礼勿言，非礼勿动。

NO.1 小白剧场

小白　大东东，大东东！你还记得 2019 年的 3·15 晚会吗？被揭露的事件简直太可怕啦！

大东　难不成你说的是 Wi-Fi 探针盒子？

小白　是啊，只要你打开了手机 Wi-Fi，这玩意就能获取你的手机号，你说可怕不可怕！

大东　是挺可怕的！现在这个大数据时代，处处都要使用手机号，攻击者拿到了我们的手机号，就等同于找到了窃取我们个人隐私的大门！

小白　关键是这些盒子还被放在各种人潮涌动的地方，例如商场、超市、便利店、写字楼等，在用户毫不知情的情况下获取数据信息。

大东　嗯嗯！当你在逛街、逛超市的时候，手机号早就被别人拿到了。

小白　怎么能这样啊。孔子说过，"非礼勿视，非礼勿听，非礼勿言，非礼勿动"。他们怎么可以这样做！

大东 犯罪分子只想牟利，他们可顾不了那么多！

小白 那东哥，给我讲一讲这个 Wi-Fi 探针盒子到底是怎么一回事呗！

NO.2 大话始末

◇潘多拉盒子

大东 实际上 Wi-Fi 探针并不是什么新玩意儿，七八年前在国外就已经很成熟了，只是在过去没有显示出较大的危害，所以没有引起大规模的谈论。

小白 原来是"老熟人"啊，那它这次"重出江湖"又有什么新的改变呢？

大东 如今它又出来作乱，而且引起了大家的广泛关注！

小白 看来这次它的动静不小啊！

大东 是有点！这次主要是因为其结合了大数据的威力，通过关联匹配、人物画像、行为分析等技术产生了一些惊人的功能。

小白 天啊，这盒子虽小，竟然是个潘多拉魔盒。这是怎么做到的呢？

大东 这可不是一两句话能说清楚的，小白要有点耐心，听我一步一步讲哦。

小白 东哥又卖关子，知道啦，你快讲吧！

大东 其实它的工作流程非常简单。当你的手机无线局域网，也就是 Wi-Fi 开关处于打开状态时，手机就会向周围发出寻找无线网络的信号。

小白　那 Wi-Fi 探针盒子是不是就能够扫描信号，从而在信号上做文章啊？

大东　没错！Wi-Fi 探针盒子发现这个信号后，就能迅速识别出用户手机的 MAC 地址，接着转换成 IMEI 号，再转换成手机号码。

小白　MAC 地址？我知道 MAC 呀，口红嘛。我正愁给女朋友送啥礼物呢，就这个了吧。

大东　你脑袋里装的都是啥啊？这哪是什么口红啊！

小白　见笑了，东哥，这里的 MAC 是什么含义呢？

大东　手机的 MAC（Media Access Control，媒体访问控制）地址就是手机的网卡地址，换句话说，就是手机网卡的身份证号。

小白　东哥，再详细说说呗！

大东　MAC 地址又称为物理地址、硬件地址，用来定义网络设备的位置，它由一段英文加数字的字符串组成，并具有全球唯一性。你可以在手机的 WLAN 设置里查看本机的 MAC 地址。

小白　噢，就是手机上网证！那这 I 啥来着的又是啥？

大东　人家叫 IMEI，IMEI，IMEI！重要的事情说 3 遍，你记住了吗？

小白　记住啦，东哥，别急嘛！那 IMEI 具体是什么含义呢？

大东　IMEI 号是国际移动设备识别（International Mobile Equipment Identity，IMEI）码，即通常我们所说的手机序列号、手机"串号"。

小白 它主要有什么作用呢？

大东 它主要用于在移动电话网络中识别每一部独立的手机等移动通信设备，相当于移动电话的身份证。

小白 没想到手机也需要这么多证件啊！

大东 当然，有了 IMEI 号，通过服务商就可以查询到机主信息。

◇隐私窃取

小白 东哥，其实这 Wi-Fi 探针盒子只是隐私窃取行为的开端吧？我有预感魔爪将伸向我的钱包。

大东 哈哈哈哈，你的预感很准啊！

小白 那东哥，之后攻击者会采取什么行动呢？

大东 攻击者依靠 Wi-Fi 探针盒子得到用户电话号码后，会与其后台的拥有上亿用户信息的数据库进行匹配查询，甚至能够对个人进行精准画像，之后进行营销、诈骗等一系列行为。

小白 这么大的数据量是从哪儿来的？

大东 如此海量的数据主要来源于用户手机上所安装的一些软件，我们平时同意的服务条例都暗藏玄机。

小白 我知道了，权限允许按钮！

大东 没错。一旦开启了应用（App）的权限，之后用户使用软件时所产生的这些用户数据，开发商就可以用作商业用途啦，这就是 App 开发商对权限使用的现状。

小白 我用过那么多 App，不知道散播出去多少个人隐私信息啊！

攻击者在权限开启后窃取数据

◇后台无感知监听

大东　App 权限是真的难防！

小白　有时和朋友聊天时说起想要买手机，下次打开个购物 App，我还没输入呢，就开始给我推荐手机了！

大东　嗯，你说的这件事在技术上是有可能实现的。

小白　是有团队已经实现这个技术了吗？

大东　没错，某团队在安卓环境下验证了后台无感知监听技术的可实现性，成功在用户手机锁屏的状态下获取到了用户的语音信息。

小白　真可怕，那在 iOS 上也能够窃取用户语音信息吗？

大东　当然！不只是安卓系统，iOS 也有同样的问题，只是 iOS 安全门槛更高，实现所需技术的难度更大。

小白　那我手动退出 App 行吗？

大东　首先，大部分用户都是按 Home 键返回菜单和切换 App 的，进程一直都是挂在后台进程上的，这样不是退出进程。

小白　那我手动退出 App 会有什么后果呢？

大东 即便是退出 App 了，这个 App 还可以使用组合攻击的方式，从而被其他 App 唤醒。

小白 操作很多啊！

大东 另外，很多手机厂商会对一些大型互联网厂商提供白名单。

小白 白名单厂商的 App 有什么特点呢？

大东 白名单厂商的 App 不需要授权就可以获取一定的权限，这个是无法阻止的。

NO.3 小白内心说

小白 那我们普通用户就只能"任人宰割"了吗？

大东 针对 Wi-Fi 探针行为，实际上苹果、谷歌、微软都尝试采取了一些措施来保护用户的隐私。

小白 他们是通过哪些措施来保护用户隐私的呢？东哥，给我举几个案例呗！

大东 在 2014 年，苹果在 iOS 8 中加入了一种旨在保护用户隐私的新功能——MAC 地址随机化；2016 年，微软在 Windows 10 操作系统中也加入了该功能。

小白 这种功能有什么作用呢，东哥？

大东 这种功能能够帮助用户保护个人隐私，防止基于设备 MAC 地址进行的用户追踪。

小白 那这种功能在安卓系统中启用了吗？

大东　在 Android P 新版系统当中也添加了此功能。

小白　安卓系统设置的这一功能叫什么呢?

大东　它叫作"MAC 地址随机",在 Android 9.0 的开发者选项中可以找到。

小白　它有什么作用呢?

大东　当用户打开该功能时,攻击者每一次使用 Wi-Fi 探针扫描到的用户设备 MAC 地址都不一样,可以迷惑对方。

小白　好厉害呀!

大东　但目前此功能仍处于试验阶段,没有被正式当作一种防御技术。

小白　各大厂商还要加油啊!那 Wi-Fi 探针盒子有没有什么正面的应用呢,东哥?

大东　它在企业、公安、居家等领域的应用可是很广泛呢!

小白　哦?真的吗?它是怎么应用到企业的呢?

大东　它可以实时对客流进行统计及分析,掌握线下人群数据,为商家提供有价值的客流数据;或者利用探测数据与用户信息对接,实现线下精准营销,如"人物画像"等。

小白　在公安领域呢?

大东　它可以服务于公共安全业务、工程等,作为城市安防的补充。

小白　那具体可以补充哪些安防机制呢?

大东　例如安全预警、区域热点图、人群轨迹、罪犯探测、人流监控等。

小白 好强大的样子，那它在家庭中又是怎么应用的呢？

大东 它在家庭中可以关爱老人和小孩，在必要的时候对家人做出相关的提醒等。

小白 看来 Wi-Fi 探针的好处还是蛮多的嘛！

大东 任何技术只要应用到正确的地方，都能大显身手！

小白 还有什么别的案例吗，东哥？

大东 再有就是以 Wi-Fi 探针为主要技术手段的广告营销设备。

小白 广告营销？这是怎么一回事呢，东哥？

大东 与窃取用户信息类似，该类设备还是首先通过获取用户手机 MAC 地址收集用户信息。

小白 那这种营销设备有什么特殊性吗？

大东 这些广告营销设备可以强制用户手机弹窗，并冒充已连接 Wi-Fi 在微信置顶界面投放无法消除的"狗皮膏药式"广告。

小白 "狗皮膏药"可太形象了！那广告主是怎样获利的呢？

大东 一些生产 Wi-Fi 探针设备的公司通过与电信运营商合作，获取了用户手机 MAC 地址与手机号的关系，使得广告主可以通过打电话、发短信以及弹窗广告的方式进行营销。

小白 还有没有别的获利手段呢，东哥？

大东 还有一些公司接入了百度、腾讯等公司的大数据库，为广告主提供用户画像，甚至直接提供用户的微信。

小白 那微信有没有检测到呢，他们采取措施了吗？

大东 当然！微信方面对此表示，目前已监控到此类恶意欺骗行为，并对监控到的情况进行了技术应对。

小白　　还好，监控得及时。那作为一个普通用户，我们平时应当怎么防范 Wi-Fi 探针盒子的消息窃取攻击呢，东哥？

大东　　作为一个普通用户，更重要的还是隐私安全意识的加强，从自己身上斩断不良厂商伸来的黑手。

小白　　比如说呢，东哥？

大东　　例如出门关闭 Wi-Fi 开关，绝不连接陌生 Wi-Fi！

小白　　其他的呢，东哥？

大东　　平时使用 App 也要多加注意。

小白　　那我们具体应该怎样做，才能够防止 App 窃取个人隐私呢？

大东　　例如不要使用不正常的 App，更不要在上面注册，把个人信息泄露。

小白　　那在设置 App 权限方面，我们是不是也要注意？

大东　　当然！当 App 请求操作权限的时候更要当心，不要轻易选择"永远允许"。

小白　　嗯嗯，知道了，东哥！

思维拓展

1. 除了个人和手机制造商，移动信号运营商是否可以帮助防御 Wi-Fi 探针来刺探个人隐私？他们是怎么做的呢？

2. 下载的 App 都会要求哪些权限？这之中有哪些会成为泄露我们隐私的"帮凶"呢？

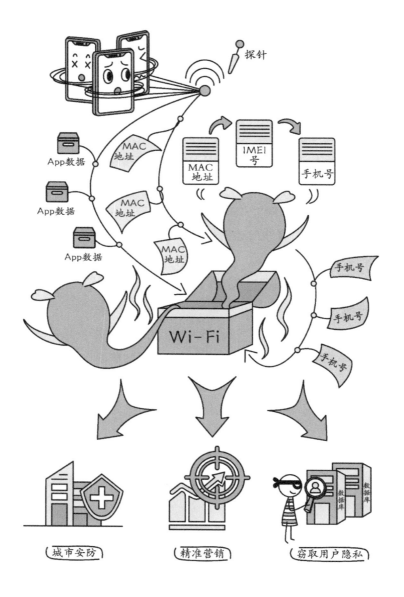

13

单挑 vs 群殴

寡固不可以敌众。

NO.1 小白剧场

大东　小白同学，你知道"世界拳王"迈克·泰森吗？

小白　我肯定知道呀！我还是很关注外面的新闻的好嘛，他可是历史上最年轻的重量级拳王，而且在《叶问3》里面的精彩演出还让他获得了"最佳新演员"呢。

大东　呦，《叶问3》里面他和叶问对打那场面真好看，哪天我带你去电影院看。

小白　跟大东哥哥去看拳王喽！

大东　你有没有注意到，《叶问3》里面有单挑的镜头，也有群殴的，你觉得哪个场景更刺激？

小白　我个人还是比较喜欢单挑的镜头，嘻嘻！

大东　但是呢，我现在想给你科普一个知识点，关于网络安全攻击方面的知识。

小白　好啊，我爱学习，看来还是大东哥哥懂我！

大东　俗话说双拳难敌四手，所以在计算机攻击里也有这种群起而攻却不单打独斗的攻击。

（小白） 还有这种事？

（大东） 分布式拒绝服务（Distributed Denial of Service，DDoS）攻击！

（小白） 大东哥哥，快快道来吧。

NO.2 话说事件

（大东） 时间飞逝，随着互联网的发展，DDoS 在全球的攻击事件越来越频繁、攻击流量越来越大、攻击的方式也越来越多样化，网络安全问题渐渐成为大家关注的焦点。

（小白） 是呀是呀，DDoS 的横空出世在网络中引起轩然大波，即使对网络安全并不那么了解的人，对它也是耳熟能详。

（大东） 近几年世界各国都比较重视网络安全的发展，所以一些安全事件自然而然地频繁出现在我们的视线中。小白，关于 DDoS 的"前世今生"你了解多少？

（小白） 我只是懂一点点皮毛，说出来自己都有点尴尬！

（大东） 那我给你普及一下，DDoS 攻击最早可以追溯到 2000年的 Mafiaboy 攻击事件。2000 年 2 月，不少知名网站遭到了 DDoS 的攻击，并且该攻击事件导致了部分网站瘫痪。

（小白） 网站瘫痪后果很严重呐，这是谁干的？

（大东） 这是一位年仅 15 岁的孩子干的，虽然他年纪不大，但这次攻击造成的损失相当大，全部损失估计达到 12 亿美元。被攻击的这些网站可是当时世界上最受欢迎的搜索引擎，这次攻击造成了毁灭性的后果，包括在股市中造成的混乱。

小白　这"调皮"的孩子！

大东　这次攻击的后果直接导致了今天许多打击网络犯罪的法律的制定，下面再来说说 2007 年东欧某国攻击事件吧。2007 年 4 月，东欧某国遭受了针对政府服务以及金融机构和媒体机构的大规模 DDoS 攻击。

小白　该国政府可是在线政府的早期采用者，甚至他们的全国选举也是在线进行的。

大东　这次攻击被许多人认为是网络战的第一幕，是为了回应与 A 国就第二次世界大战纪念碑"塔林青铜战士"的重新安置发生的政治冲突。A 国政府涉嫌参与，一名来自 A 国的人士因此被捕，但 A 国政府并未让东欧某国的执法部门在 A 国进行任何进一步调查。这次攻击导致了《塔林网络战国际法手册》的起草。

小白　还有吗？近十年来又有哪些呢？

大东　另一个大规模的攻击是 2013 年针对 Spamhaus 发起的攻击。

小白　Spamhaus？就是那个帮助打击垃圾邮件和垃圾邮件相关活动的组织吗？

大东　没错，Spamhaus 维护了一个巨大的垃圾邮件黑名单，如果被 Spamhaus 列入黑名单，会有 80% 的服务器拒绝这封邮件，这使得它成为那些希望利用垃圾邮件达到一定目的的人的热门目标。这次攻击以 300 GB/s 的速率推动了 Spamhaus 流量的传输。一旦攻击开始，Spamhaus 就会申请 Cloudflare 的保护，Cloudflare 的 DDoS 保护减轻了攻击。攻击者通过追捕某些互联网交换机和带宽提供商以试图打倒 Cloudflare 来应对此问题。

小白　这次攻击实现其目标了吗？

大东　并没有，但它引起伦敦互联网交换中心 LINX 的重大问题。更让你想不到的是，这次攻击的罪魁祸首竟然是一名青少年黑客，他因为发起这次 DDoS 攻击而获得了巨额报酬。

小白　"有钱能使鬼推磨"啊。

大东　再给你讲一个有史以来规模最大的 DDoS 攻击吧。

小白　好呀好呀。

大东　迄今为止规模最大的 DDoS 攻击发生在 2018 年 2 月，这次攻击的目标是数百万开发人员使用的流行的在线代码管理服务——GitHub。在高峰时，此攻击以 1.3TB/s 的速率传输流量。

小白　是利用了僵尸网络吗？

大东　这是一个 memcached DDoS 攻击，因此没有涉及僵尸网络。攻击者利用了一种称为 memcached 的流行数据库高速缓存系统的放大效应，通过使用欺骗性请求充斥 memcached 服务器，攻击者能够将其攻击放大约 5 万倍！

小白　这次攻击造成的伤害一定非常大吧？

大东　还好还好，因为 GitHub 使用了 DDoS 保护服务，该服务在攻击开始后的 10 分钟内自动发出警报。这个警报触发了缓解过程，使得 GitHub 能够快速阻止攻击，最终这次世界上规模最大的 DDoS 攻击只持续了大约 20 分钟。

小白　我怎么感觉发起 DDoS 攻击的都是年轻人呀！那这么说这个 DDoS 攻击很简单喽，像我这样的可以做到吗？

大东　你这样的只能去"搬砖"！最近"搬砖"挺烫手的，你要注意点，别把自己烫伤咯。其实是因为 DDoS 攻击周期短、频率高、强度大，所以能给网站带来不小的损失。

小白　大东哥哥，我刚刚查了一下，网上对于 DDoS 攻击是这么说的，说它是分布式拒绝服务攻击，借助于客户或者服务器技术，多个计算机联合，对目标发动 DDoS 攻击，强化攻击效果。你上面说的单挑与群殴是什么意思呀？

NO.3 大话始末

大东　这个就是 DDoS 攻击的攻击模式呀！举个例子来说吧，假如一个饭店可以容纳 100 人同时就餐，但有一天某个商家恶意竞争，雇了 200 人来这个饭店坐着不吃不喝，导致饭店满满当当，无法正常营业。

小白　我明白了，它的原理就是拒绝服务攻击，也就是攻击者想办法让目标机器停止提供服务或者资源访问，从而阻止正常用户的访问。我猜 DDoS 攻击应该有很多的攻击方式吧？

大东　DDoS 的攻击方式是有很多种，最基本的 DDoS 攻击就是利用合理的服务请求来占用过多的服务资源，从而使合法用户无法得到服务的响应。

小白　那最常用的攻击方式是什么呢？

大东 随着僵尸网络向着小型化的趋势发展，黑客为了隐蔽地实施有效攻击，常采用两种 DDoS 攻击方式：一种是用户数据报协议（User Datagram Protocol，UDP）及反射式大流量高速攻击，另一种是多协议小流量及慢速攻击。2016 年美国就曾经遭遇大规模 DDoS 攻击，导致东海岸地区的网站集体瘫痪。

小白 那次事件我也听说了，据调查，共有 83 家网站受到了影响呢。我感觉这个 DDoS 攻击还是有点厉害，它的攻击范围还是挺广的。

大东 大家都觉得 DDoS 攻击难以防御，主要的原因是 DDoS 攻击可以利用的漏洞太多，攻击方式也太多。网络数据传输过程中利用的 OSI 七层网络模型中，基本上每一层都有协议可以被 DDoS 攻击利用。

小白 那么 DDoS 攻击主要发生在哪一层呢？

大东 DDoS 攻击主要发生在网络层，其最明显的特点就是发送大量的攻击数据包，消耗网络带宽资源，影响正常用户的访问。

小白 那么对于网络层的 DDoS 攻击可以防御吗？

大东 现在对于网络层的 DDoS 攻击的检测及防御技术已经相当成熟了，但与此同时也出现了一些新的攻击方式——应用层 DDoS 攻击。

小白 应用层 DDoS 攻击与网络层 DDoS 攻击有什么不同呢？

大东 应用层 DDoS 攻击更多的是模仿合法用户的访问行为，在数据传输的过程中不会产生大量的攻击数据包，但其会通过大量的数据库查询等操作消耗服务器的资源，更难检测。

小白 如果按发生的攻击方式，DDoS 可以怎样划分呢？

大东　　DDoS 攻击除了普通的泛洪攻击方式之外，还有反射放大攻击。这种类型的攻击往往会利用合法的服务器作为反射器，由反射器向攻击目标发送大量的数据包，危害更大。目前，针对 DNS 服务器的 DDoS 攻击也很普遍。攻击者往往向 DNS 服务器发送虚假域名，耗费 DNS 服务器资源。同时由于 DNS 服务器存在递归查询的机制，因此针对 DNS 服务器的 DDoS 攻击影响范围很大。

小白　　攻击方式变得多种多样，防御也变得更难了。

NO.4 小白内心说

大东　　你在担心它无法预防吗？你知道你这是在怀疑我们相关技术人员的技术吗？

小白　　不敢不敢，我是网络安全技术人员的粉丝你知道的嘛，我特别佩服他们。那你的意思是可以杜绝这类攻击咯？

大东　　完全杜绝 DDoS 攻击是不可能的，但通过适当的措施抵御 90% 的 DDoS 攻击还是可以做到的。

小白　　被 DDoS 攻击后主机会出现什么现象呢？

大东　　一旦主机被攻击，会停滞大量的 TCP 连接，并且在网络中会飘荡着大量"无家可归"的数据包，主机无法与外界取得联系，甚至会导致死机。

小白　　有一点点慌！那我们怎样预防呢？

大东　　首先要经常检查系统是否存在漏洞，以便于及时安装系统补丁程序。然后要建立备案机制，对一些重要的信息实施双重保护，还有一些特权账号的密码设置一定要谨慎。

小白　嗯，对了，我们是不是还要经常检查系统的物理环境，将不必要的网络服务禁止；建立边界安全界限，确保输出的数据包受到正确限制；经常查看系统配置信息，并检查每天的安全日志啊？

大东　是的，除了这些方式，我们还可以利用网络安全设备来提高网络的安全性，配置好这些设备的安全规则，过滤掉所有可能的伪造数据包。与网络服务提供商协调工作，让网络服务提供商帮助实现路由的访问控制和对带宽总量的限制。

小白　如果发现正在遭受 DDoS 攻击，我们应该怎么办呢？

大东　应当启动应急策略，尽可能快地追踪攻击包，并且及时联系网络服务提供商和有关应急组织，分析受影响的系统，查看涉及的其他节点情况，从而阻挡从已知攻击节点流入的流量。

小白　强悍的 DDoS 攻击也是有办法防御的！

大东　小白，今天给你介绍了这么多防御 DDoS 攻击的方法，记得介绍给身边的朋友哦。

思维拓展

1. DDoS 攻击是一种常见的网络攻击，那它有多少种攻击方式？请举例说明。

2. DDoS 攻击主要攻击计算机的哪个部件？遭到 DDoS 攻击的计算机会出现怎样的一个状况？

3. 对于 DDoS 攻击，人们会怎样去进行预防？未来 DDoS 攻击还会普遍存在吗？

14

网络空间中的定时炸弹

逻辑炸弹

十年磨一剑，霜刃未曾试。

NO.1 小白剧场

小白 大东东，你能帮我在某宝上选购几件衬衫吗？我有选择障碍症。

大东 小白，不是我不想帮你哦，今天我刚打开某宝，突然就蹦出一个弹窗，里面显示当前版本为内测版本，要求我下载最新版。

小白 为什么我的手机上没有这个弹窗呢？

大东 你用的什么系统的手机？

小白 安卓啊，新买的 5G 手机！

大东 怪不得，这个攻击只在 iOS 手机上有。

小白 东哥，那你能简单介绍一下事件过程吗？我听完以后去提醒我的小伙伴们。

大东 没问题！事情发生在 2020 年 3 月 25 日，iOS 端用户登录某宝时会自动出现弹窗，提示用户卸载更新，但是用户卸载完以后安装最新版，还是会有这个弹窗提示。当然，某宝官方也很快地做出了反应，在上午 10 点以后进入，弹窗会自动关闭，用户们只能看到一个黑框一闪而过。

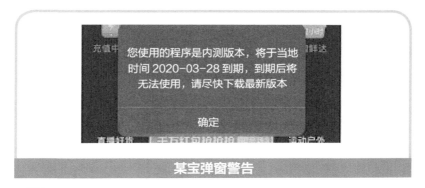

您使用的程序是内测版本，将于当地
时间 2020-03-28 到期，到期后将
无法使用，请尽快下载最新版本

确定

某宝弹窗警告

小白　　这是什么原因导致的呢？

大东　　有人猜测，这是某宝内部工作人员植入的逻辑炸弹，每到
特定时间该炸弹就会被触发，从而发起攻击，破坏用户数据等信息。

NO.2 大话始末

小白　　那到底什么是逻辑炸弹呢？

大东　　逻辑炸弹（Logic Bomb）是恶意代码的表现形态之一。
从信息安全层次化模型来看，逻辑炸弹位于运行层，其攻击意图是
导致信息系统能力降级。

小白　　那它是怎样攻击的呢？

大东　　逻辑炸弹是当运行中的信息系统满足特定逻辑时，例如
系统时间到达某个值、收到某个特定的消息、多次不能访问特定服
务等情况，逻辑炸弹的特定功能，例如破坏硬件或数据、加载恶意

代码、锁定操作系统等将被触发，从而造成有害后果。逻辑炸弹可以以软件和硬件形态存在，如操作系统、应用软件、主板、CPU、现场可编程逻辑门阵列（Field Programmable Gate Array，FPGA）。

小白　那它是怎么出现并发展起来的呢？

大东　逻辑炸弹的雏形可追溯到冷战时期。当时，某国的科技理事会获取了西方某国一家公司的精密控制系统，用于自己的工业设施建设，而其中已经被秘密植入了逻辑炸弹。该逻辑炸弹在 1982 年的一个特定时间触发，使涡轮机和阀门失控，产生巨大压力，造成某天然气管道爆炸。

小白　这也太可怕了吧！

大东　其实类似这样的事件时常发生。

小白　东哥，能不能简单地介绍一下相关的事件？

◇相关案例

大东　举一个国内出现的逻辑炸弹案例。1997 年 6 月 24 日，某杀毒软件发布了 KV300L++ 版，凡是在盗版盘上执行 KV300L++ 的用户，其硬盘数据均会被破坏，同时硬盘被锁，软盘和硬盘皆不能启动。

小白　为啥呢？

大东　当系统进行引导的时候，不管是从硬盘引导还是从软盘引导，都要读取分区表。系统的分区是一个链表结构，第一个分区结构中包含一个指向下一分区的指针。最后一个分区有一个特殊的标志，说明分区描述结束。

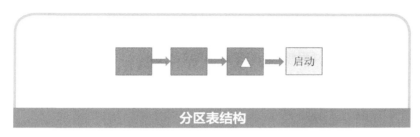

分区表结构

小白 那它是怎样导致硬盘数据被破坏，同时锁住硬盘的呢？

大东 某逻辑炸弹通过更改分区表，使最后一个分区描述的指针指向第一个分区，形成一个循环链，导致死循环，使系统无法启动。

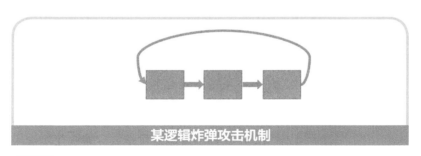

某逻辑炸弹攻击机制

小白 哇，那与这类似的事件多吗？

大东 不少，例如，西门子公司就曾经被植入逻辑炸弹。

小白 快讲讲是怎么回事？

大东 之前，网上爆出前西门子承包商大卫·廷利（David Tinley）承认在为西门子创建的电子表格内植入了逻辑炸弹。

小白 那植入逻辑炸弹有什么目的？

大东 当然是为了利益，他写的程序一直运行到 2014 年才出现崩溃现象，基本上每次都在特定的时间，于是西门子就找大卫来修复。每次修复的时候，西门子就要和他继续签署合同，这种情况断断续续持续了 3 年。

小白　那这件事情是怎样被发现的？

大东　在 2016 年的时候，大卫外出度假，这时候西门子有个紧急订单要处理，正好碰上表格程序出了问题。大卫不得不交出表格程序的管理密码给西门子 IT 工作人员。结果西门子 IT 工作人员发现，表格程序出问题的原因是大卫给程序植入了逻辑炸弹，该炸弹会在特定日期或者特定条件下出现。

小白　这也太可恨了，他就应该接受法律的制裁！

大东　西门子于是起诉大卫·廷利，认为其重复收取维修费用已经超过了 5000 美元，属于重罪。最终大卫承认了自己的罪行，他将面临最高 10 年的监禁，以及最高 25 万美元的罚款。

小白　真是大快人心！

大东　其实，这种植入逻辑炸弹的人都逃不过法律的制裁。在 2006 年，杜罗尼奥投放逻辑炸弹造成著名投资银行瑞银普惠 400 个办公室的数据系统遭到洗劫，2000 台计算机瘫痪。该系统修补费用高达 310 万美元，杜罗尼奥也被监禁 97 个月。

小白　真的不知道他们是怎么想的，既然知道会被制裁，为什么还要犯法？

大东　归根结底是利益驱使。例如在 2014 年，美国某 48 岁公民因失去外包合同，故意植入破坏性定时逻辑炸弹破坏美国陆军计算机系统，造成 260 万美元的损失，破坏者最后被罚款 25 万美元及判处 10 年监禁。国内也有类似的事件，在 2016 年，软件工程师徐某离职后因公司未能如期结清工资，便利用其在所设计的网站中安插的后门文件将网站源代码全部删除，最终被法院依法判处 5 年有期徒刑。

小白　尽管他们可能遭受过不公的待遇，但是这种以暴制暴的处理方式违反了法律法规，是不可取的！

思维拓展

1. 什么是逻辑炸弹？

2. 逻辑炸弹如何攻击系统？

3. 逻辑炸弹是从什么时候开始出现的？它是怎样发展起来的？

第3篇

正者无敌

网络安全行业有黑帽，也有白帽。小时候我们非黑即白、非正即邪的执念，竟然也有发挥作用的一天。那些年，我们看到了杀毒软件如雨后春笋般蓬勃发展，也看到了白帽子、国家队的整军经武；看到了APT横空问世带来的血流漂橹，也看到了互联网造假的基本套路。但，终究是邪不胜正，我们等来了无敌正者满身伤痕却战不旋踵的身影。本篇与其说是学习杀毒和CTF的周边知识，不如说是在了解充满温情和正义的安全发展史，因为有火种，整个数据世界才一次次化险为夷，也迎来了一次次"新生安全"的曙光。

15

"那些年"与计算机病毒的"搏斗"

居安思危，思则有备，有备无患。

NO.1 小白剧场

大东　小白啊，你最近检查自己的计算机是否安全了吗？

小白　还没呢，最近比较忙，身体也不舒服。咱有必要动不动就检查吗？

大东　《左传》有云，"居安思危，思则有备，有备无患。"不能等计算机中病毒了，才想起来要防范啊。

小白　你说得对，我马上进行检查。现在的计算机病毒真是越来越难对付了，不知道什么时候计算机就中了病毒。

大东　没错，虽然科技在进步，但计算机病毒也在进步。

小白　说到计算机病毒，我就想到了第一个被广泛关注的蠕虫病毒。

大东　而在 20 世纪 80 年代还有一种四处传播的计算机病毒。

小白　叫"大麻病毒"吧！

大东　知道的不少啊。

小白　在你的熏陶下，我也是知道了很多知识的。那这些病毒传播之后我们该如何防御呢?

大东　20 世纪 80 年代末,随着计算机病毒传入我国,我国公安部发布了第一款杀毒软件产品"KILL",自此我国反病毒软件实现了从无到有的突破,"KILL"成为我国反病毒软件行业的先驱者、创造者。

小白　"KILL"产品主要是负责哪些病毒的查杀呢?

大东　"KILL"产品立足于本地化病毒的查杀,成为当时我国计算机用户当之无愧的"保护神"。

小白　厉害啦,我的国!

大东　然而这都只是凤毛麟角,咱今天就跟你说说"那些年"与计算机病毒的"搏斗"吧。

小白　好啊好啊,我就听听呗。

大东　这么不谦虚啊,嘴一下子就觉得干了,不想说话了呢。

小白　哈哈,我错了,还请您赐教!

NO.2 大话始末

大东　要说这病毒啊,其实早已经成为计算机历史的一部分,自从第一个计算机病毒爆发以来,病毒的种类越来越多,破坏力也越来越强。

小白　那这可恨的病毒都是从哪里来的呢?

大东　在 20 世纪 80 年代初,我还背着小书包揣着两毛钱去上学的时候,计算机病毒还只是存在于实验室中。

小白　病毒都存在于实验室,那它们是怎么传播的呢?

大东 当然不全都在实验室！尽管它们当中也有一些传播了出去，但绝大多数都被研究人员严格地控制在了实验室中。之后一些年，我兜里的零花钱是越来越多，计算机病毒的形势却慢慢地失控。

小白 哈哈！那您能更具体地讲一讲初期的计算机病毒吗？

◇ **Round 1：计算机病毒初露嫩芽**

大东 1986~1989 年是计算机病毒的萌芽和滋生时期，这一时期产生了第一代病毒。

小白 当时的第一代病毒造成了怎样的影响呢？

大东 当时计算机应用软件少，且大多为单机运行环境，因此病毒没有大量流行，流行病毒的种类也很有限，相对来说较容易清除。

小白 那这一阶段的病毒的攻击目标是什么呢，东哥？

大东 这一阶段的计算机病毒攻击目标比较单一，或是感染磁盘引导扇区，或是感染可执行文件，且感染特征比较明显，容易被人工或查毒软件发现。

小白 1989 年之后是不是就出现了更难对抗的计算机病毒了呢？

大东 当然了，但我们的技术和病毒都在发展！计算机病毒在成长，我们的反病毒技术也在提升！在这期间，攻击者不断总结过往经验，升级攻击技术，想尽办法绕过反病毒产品的检测防御机制，从而催生出了第二代计算机病毒，也就是"超级病毒"！

小白 那时正值局域网技术发展普及的关键时期，再加上网络系统尚未有安全防护的意识，是不是让计算机病毒有了可乘之机啊？

大东　没错，也就是在这个时期，出现了计算机病毒第一次流行高峰。

小白　这一阶段的病毒攻击有什么特点呢？

大东　这一阶段的病毒攻击目标趋于混合型，例如一种病毒既可感染磁盘引导扇区，又可感染可执行文件，还采取更为隐蔽的方法驻留内存和感染目标。不仅如此，它们还采取了自我保护措施。这些措施增加了检测、解毒的难度。

小白　病毒真是越来越狡猾了呢！那反病毒技术有没有什么发展呢，东哥？

大东　由于病毒的发展，产生了第一代反病毒引擎——检验法。但该方法存在缺点，即它只具有诊断能力——检查系统是否被病毒感染，并不具备治疗能力——病毒清除能力。

小白　但不具备病毒清除能力怎么杀毒啊？

大东　虽然只能判定系统是否感染病毒，不过检验法衍生了真正的反病毒技术——特征码技术。

小白　它在反病毒技术领域有什么跨时代的意义吗？

大东　它属于第二代反病毒引擎，可以说是反病毒历史上最耀眼的明星。它不但开创了清除病毒的先河，也为以后反病毒技术的发展打下了坚实的基础。

大东　第二种杀毒技术叫广谱特征码技术。从本质上说，广谱特征码是一类病毒程序中通用的特征字符串。

小白　也就是说，如果有一类恶意程序共用了一段攻击某块硬盘的恶意代码，把这部分公用的恶意代码提取出来作为特征码，之后用这个特征码检测就能同时检测这类病毒是吗，东哥？

大东 没错，这个技术专门针对一些短时间能够变形变异的病毒，可大大缩短查杀时间。但与此同时也增加了相对较多的误报率！所以为了防止非恶意软件被查杀，目前广谱特征码的技术已不再使用。

◇ Round 2：病毒学会"变形"

小白 那杀毒软件每强化一次，计算机病毒是不是就越来越难被查杀了？这是不是表示出现了变异的计算机病毒啊？

大东 是的，1992 年至 1995 年可以被认为是第三代病毒的产生时间。第三代病毒也被称为"多态性"病毒或"自我变形"病毒。

小白 "多态性"和"自我变形"有什么含义呢？

大东 所谓"多态性"或"自我变形"，是指此类病毒在每次感染目标时，进入宿主程序中的病毒程序大部分都是可变的。即使是同一种病毒的多个样本里，病毒程序的代码也不全一样，这就是此类病毒的重要特点。

大东 特征码杀毒引擎基于特征码对病毒进行查杀比对、实时拦截查杀的技术至今仍是杀毒引擎赖以工作的基本原理。

小白 这种技术有什么缺陷吗？

大东 缺陷就是所有的特征码必须读到计算机内存中，而且还只能对已知病毒进行查杀。

小白 特征码的这种方法在互联网迅速发展、各种新式病毒层出的时代，是不足以维护网络安全的啊。

大东　是啊，于是一种通过行为判断、文件结构分析等手段，在较少依赖特征库的情况下查杀未知的木马病毒的新技术——"启发式杀毒引擎"应运而生。

◇ Round 3: 网络时代病毒大爆发

小白　再到后来，互联网逐渐进入人们的视线了，计算机病毒是不是又有新的形态了？

大东　随着远程网的兴起、远程访问服务的开通，病毒流行面更加广泛，病毒迅速突破地域限制，首先通过广域网传播至局域网内，再在局域网内传播扩散。

小白　那个时候国内因特网刚刚普及，还有对电子邮件的使用也刚兴起，计算机病毒不正好有可乘之机了吗？

大东　对啊，这个时期夹杂于电子邮件内的 Word 宏病毒成为病毒的主流。这一时期的病毒的最大特点是将因特网作为其主要传播途径，同时具有传播速度快、隐蔽性强、破坏性大等特点。

小白　那个时期网络迅速发展，病毒的传播速度也就大大提高了，感染的范围也就越来越广了啊。

大东　没错。另外，病毒的主动性、独立性更强了，变形（变种）速度极快，并向混合型、多样化方向发展。

大东　随着因特网爆炸式的发展，病毒也开始以一种网络化的速度疯狂发展，以"灰鸽子""熊猫烧香"为代表的网络病毒开始泛滥，正式揭开了病毒网络化发展的序幕。

小白　云安全概念是不是也在这个时期得到了广泛应用啊？

大东　一些企业提前嗅到其价值，推出了云安全体系。

NO.3 小白内心说

大东　不同的时代有不同的技术。杀毒引擎的变迁，也可以说是一段病毒的发展历史。病毒的不断更新、不断变种，又推动了反病毒产品的不断革新、不断升级。

小白　可不是嘛，随着网络安全日新月异地变化，原有的安全技术体系已经基本失效，需要新的技术来应对复杂的安全变革，反病毒技术已经成为确保计算机安全的一种新兴的计算机产业，它也被称为反病毒工业。

大东　其实，从病毒的发展历程来看，由于各种杀毒软件的出现，能给整个网络带来巨大冲击和损失的病毒已经越来越少了；然而病毒会不断变异，不断展示暗黑技术的破坏力。

小白　不过，魔高一尺，道高一丈，尽管计算机病毒仍在肆虐，但可以预见的是，技术正能量很快就会搞定它们。病毒的出现也会促使人类在网络安全的保障上更进一步。

思维拓展

1. 请举出几个人们常用的杀毒软件，并选出你最喜欢的一款，且说明理由。

2. 请简单描述杀毒软件的发展史，并讲述一下自己对此有什么感想。

第一代病毒
1986—1989年

人工或查毒软件

攻击目标单一，
感染特征明显

"超级病毒"

第一代反病毒引擎

病毒攻击目标趋于混合
型，拥有自我保护措施

只具有诊断能力，
不具备治疗能力

短时间能够
变形、变异的病毒

第二代反病毒引擎

开创了广谱特征码技术，缩
短了查杀时间，但误报率较高

第三代病毒
1992—1995年

启发式杀毒引擎

多态性、自我变形

病毒向混合型、
多样化方向发展

云安全体系

16

网络安全界的争夺赛

CTF

实践是最好的老师。

NO.1 小白剧场

小白 呀,我最近正在看《×××的 offer》,里面的人真是太优秀了!

大东 这个综艺节目是讲法律实习生如何过五关、斩六将拿到职位录用信的吗?

小白 是的是的,他们会做几个项目,然后由带队教师根据各人表现择优选取。

大东 这也算是法律界比较直观的比赛了吧。

小白 是的是的,不知道咱们网络安全界有哪些这样的比赛,好想去试试。

大东 还真有,你知道网络安全 CTF 比赛吗?

小白 什么?什么? CTF 比赛?

大东 哈哈,接下来就让我给你讲讲 CTF 吧。

小白 好呀。

NO.2 大话始末

◇ CTF 比赛一探究竟

小白　所以到底什么是 CTF 呢？

大东　网络安全大赛简称 CTF 大赛，英文全称是 Capture The Flag，即夺旗赛，是在网络安全领域中，网络安全技术人员之间进行技术竞技与相互切磋的一种比赛形式。

小白　这比赛存在很多年了吗？为什么我一直不知道呀？

大东　小白，这比赛很适合你呀，你确实需要好好了解一下啦。CTF 比赛开始于 1996 年的 DEFCON 全球黑客大会。在当时，这个比赛的形式十分新颖，它采用黑客们相互发起真实攻击进行比拼的方式，取代了之前传统的比赛形式，仅仅在 2013 年，全球就举办了超过 50 场国际性的 CTF 比赛。

小白　CTF 比赛的规模很大呀，那在信息安全领域是怎样比赛的呢？

大东　在信息安全领域，简单地说，CTF 就是运用一些攻击手法，在获取服务器的前提下，寻找指定的字段，或寻找文件中某一个固定格式的字段，最后提交到裁判机就可以得分啦。

小白　那现在的 CTF 比赛还多吗？都有哪些呀？

大东　当然很多啦，我们可以根据 CTFTIME 提供的国际 CTF 赛事列表去查看一些已完成的赛事和即将开始的赛事的相关信息。例如号称 CTF 赛事中的"世界杯"的 DEFCON CTF，还有来自加州大学圣巴巴拉分校（University of California，Santa Barbara，UCSB）的面向世界高校的名为"UCSB iCTF"的 CTF 比赛等。

小白　都是一些有名的国际赛事呀，我们国家一定也有很多战队吧？

大东　近些年来，我国大力支持与推广 CTF 比赛，由教育部高等学校信息安全专业教学指导委员会主办，广大高校积极参与，百度安全中心、阿里安全应急响应中心、腾讯安全平台方舟计划、360 企业安全集团赞助支持的 CTF 比赛，覆盖面广，质量级别最高，被参赛选手称作 CTF 的国赛。

小白　政府、企业、高校强强联手，想必一定是"一派繁荣"。

大东　确实是，近年来我国涌现出很多支高水平的 CTF 战队。例如安全宝·蓝莲花战队，这支战队在 2013 年历史性地成为华人世界首支入围 DEFCON CTF 总决赛的队伍，并在决赛中获得第 11 名的好成绩；在 2014 年成功组织首届 BCTF"百度杯"全国网络安全技术对抗赛后，连续两次闯入 DEFCON 总决赛，并获得第 5 名的优秀成绩；2014 年国际 CTF 战绩包括 ASIS CTF 资格赛第 3 名、PlaidCTF/CodeGate 八强，在 CTFTIME 全球排名第 16 位、亚洲排名第 2 位（仅次于韩国 penthackon）。

小白　好强！我还记得有一支来自上海交通大学的信息网络安全协会组织的 CTF 战队。

大东　知道得还挺多，你说的是 0ops 战队，该战队的队长 Slipper、副队长 Lovelydream 曾是安全宝·蓝莲花战队的队员。

该战队在 2013 年 9 月成立后积极参与国际知名 CTF 赛事，曾在 Hack.Lu 在线 CTF 比赛中获得季军，并成功组织过 0CTF、ISG 等国内知名的 CTF 赛事。

小白　太棒啦！不过我一直有一个问题，大东，你知道的，我们入门渗透时，一定是要经过各种练手的。

大东　那是肯定的呀，但由于《中华人民共和国网络安全法》的颁布，我们随意扫描他人网站，或者进行非授权渗透测试等行为都是有一定的风险的。曾经有人扫描网站，尽管他发出的攻击被防火墙拦了下来，但是他还是被判了刑。

小白　这个人真的是"偷鸡不成蚀把米"呀。他明明只是扫描了一下，攻击都被防火墙给拦截下来了，啥都没弄到，最后还被判了刑。

大东　所以呀，记住千万不要乱扫网站，这个时候对于一些初入门的同学，CTF 就非常合适啦。

小白　CTF 不就是打比赛吗？它有哪些模式呢？

大东　CTF 主要有两种模式。第一种是解题模式。对 Web 安全来说，赛题会要求你入侵网站或者靶机，或者在某个目录文件、数据库中寻找 Flag，如果攻击成功，系统会显示 Flag，最后提交到答题系统得分。

小白　怎么感觉这种模式和我们平时考试一样呢，找出答案就好。

大东　没错，这种模式只有攻击，却没有防守，它注重破解难题、偏题、怪题，几乎没有考虑实际情况，简单说，这些题目就和奥数题一样。

小白 那第二种模式肯定与实际结合很紧密吧？

大东 是的，第二种模式是攻防赛，也叫攻防兼备 (Attack With Defense，AWD) 模式。一般在这种模式下，一支参赛队伍有 3 名队员，所有的参赛队伍都会有同样的初始环境，包含若干台服务器。参赛队伍挖掘漏洞，通过攻击对手的服务器获取 Flag 来得分，并修补自身服务器的漏洞来防止扣分。

小白 在攻防模式下，通过什么来反映比赛情况呀？

大东 攻防模式可以通过实时得分反映比赛情况，是一种竞争激烈、具有很强观赏性和高度透明性的网络安全赛制。在这种赛制下，比赛不仅仅是对参赛队员的智力和技术的比拼，同时也会比拼团队之间的分工配合与合作能力。

小白 哇，那一定很刺激吧？

大东 确实，这种模式非常激烈，参赛人员一定要进行非常充分的准备。因为在一场比赛中，你需要同时扮演攻击方和防守方，并且一旦攻者得分，失守者就会被扣分。同时你也需要保护自己的主机，让其不被别人得分，以防扣分。

小白 我要是去参加一定会被打得很惨吧。

大东 不要慌，小场面！参赛越多，积累的经验就会越多。CTF 里面还有一个首胜之说，第一个交 Flag 的队伍能获得分数加成呢，所以说，手快也是很重要的。

◇打 CTF 比赛提升专业能力

小白 大东，我要去参加 CTF 比赛，应该具备什么知识呢？

大东　小白，我先来问问你计算机语言分为哪几种呢？

小白　这个简单。计算机语言大致可以分为机器语言、汇编语言、高级语言，计算机的每一步操作，都会按照事先编写好的程序来执行的。

大东　在 CTF 比赛中，掌握计算机语言一定会有事半功倍的效果呢。进程的动态调试、防护脚本的编写、源代码审计等工作都是建立在对计算机语言熟练掌握的基础上来进行的。

小白　那我猜还需要掌握一些 Web 知识吧？

大东　对的，目前国内大多数 CTF 比赛都是以 Web 安全为主的，但是 Web 安全涉及的内容也是非常广泛的。我们拿典型的 Web 服务来举例，它所产生的安全问题可能来自 Web 服务器、数据库、Web 程序本身与开发的语言等。了解一个 Web 应用的组成架构、装载与配置、指令操作及组件缺陷，是参赛者知识储备环节中不可或缺的部分。除此之外，再掌握一些安全加固、密码算法方面的知识就更好啦。

小白　大东，你一定参加过很多次 CTF 比赛吧？

大东　嘿嘿，也不太多啦。

小白　大东，有没有什么比赛经验分享给我？

大东　让我想想啊，在 CTF 比赛中一定要学会交流与聆听。CTF 比赛的强度都是很大的，少则几小时、多则好几天，即使是特别要好的队友，也会有一些意见与思路不一致的时候，这个时候学会正确地与队友交流和互相聆听就显得尤为重要了。

小白　那题目方面呢？

大东　CTF 比赛中的题目与攻防手段往往都没有特定的规律，因此更看重人临场的快速学习和把已有理论付诸实践的能力。一定的知识储备肯定是必要的，但你并不能期望完全依靠知识储备来获得胜利。

小白　总结经验，加紧学习，我也要去参加 CTF 比赛。

◇《中华人民共和国网络安全法》实施

大东　打比赛之前还是给你补充一下《中华人民共和国网络安全法》的知识吧。

小白　哦？这是什么法律呀？

大东　《中华人民共和国网络安全法》是我国第一部全面规范网络空间安全管理方面问题的基础性法律，是我国网络空间法治建设的重要里程碑，是依法治网、化解网络风险的法律重器，是让互联网在法治轨道上健康运行的重要保障。

小白　听起来，这部法律是很有必要的。

大东　《中华人民共和国网络安全法》是为保障网络安全，维护网络空间主权和国家安全、社会公共利益，保护公民、法人和其他组织的合法权益，促进经济社会信息化健康发展而制定的。

小白　那这部法律主要是干什么的呀？

大东　这部法律明确了我国部门、企业、社会组织和个人的权利、义务和责任，规定了国家网络安全工作的基本原则、主要任务和重大指导思想、理念。

小白　这部法律将我们国家成熟的政策规定和措施上升为了法

律，为政府部门的工作提供了法律依据，体现了依法行政、依法治国要求。

大东　网络安全是一种新兴的热门行业，发展网络安全是一个机遇和挑战并存的过程，甚至可以说是机遇大于挑战。

小白　我同意，因为随着信息技术的深入发展，我国的网络安全形势日益严峻，数据泄露、勒索病毒等重大网络安全事件频发。业务数据的价值越来越高，页面篡改、黑链等安全事件使得企业系统所面临的安全威胁随之增大，造成的损失愈发严重。

大东　随着 5G 商用以及人工智能、区块链、智能工业、智能家居、云基础设施等热门技术所带来的新挑战，网络安全"战争"全面升级。

小白　相信事情一定会越变越好的，我们年轻一代一定要专心学习，少年强则国强！

思维拓展

1. 了解了关于 CTF 比赛的知识后，你有没有想去参加 CTF 比赛的想法？结合自己的实际情况，制订一份参与 CTF 的计划书。

2. 在网络安全领域，你认为还有哪些可以被加入 CTF 解题模式的新题型呢？为什么选择这一类型？

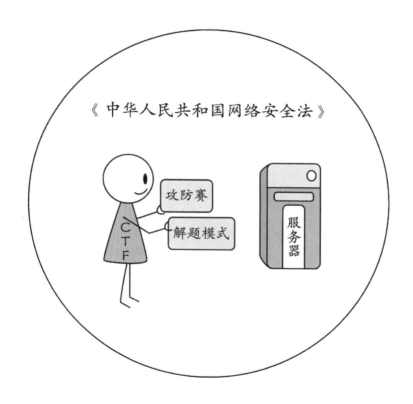

17

嘘，你的网页被复制了

无奈真假心中屈，任将黑白归棋局。

NO.1 小白剧场

| 大东 | 小白，平时作业都是自己做的吗？ |

| 小白 | 大大大东东，怎怎怎么了？ |

| 大东 | 瞧把你吓得，都结巴了。 |

| 小白 | 我我我这么一个好学生，怎么能干抄作业这种事呢！ |

| 大东 | 好，知道你不抄作业了，那有同学抄你的作业不？ |

| 小白 | 有哇！特别是检查作业的前一天，就会有同学抄别人的作业。 |

| 大东 | 在网络的世界，也有人喜欢抄"作业"呢。 |

| 小白 | 是谁！ |

| 大东 | 它叫作网络爬虫。 |

| 小白 | 久仰大名！ |

| 大东 | 网络爬虫，也可以叫作网页蜘蛛、网络机器人，还有一个文艺一点的名字——网页追逐者。网络爬虫是一种按照预定的规则，自动从万维网抓取所需信息的程序或者脚本。 |

小白　　好好研究一下，可以替我自动抓取作业答案……哦，不，课外材料，听起来很不错的样子。

NO.2 大话始末

◇爬虫能干什么

小白　　这个网络爬虫啥都能抓吗？

大东　　只要在编写的时候定义好，就能按照你的要求抓取，从这个角度来说就是想抓什么就抓什么，常见的，可以用来抓取网页文本、图片、视频。

小白　　哇哦！

大东　　网络爬虫根据抓取对象、程序结构和使用技术，通常可分为 4 类：通用型爬虫、聚焦型爬虫、增量型爬虫和深层型爬虫。

小白　　还有这么多讲究呢！

大东　　通用型爬虫又称为全网爬虫，主要应用于搜索引擎。通用型爬虫从起始的 URL 开始，能获取全网页面，工作量庞大，要求计算机存储容量大、处理速度快、工作性能强。

小白　　不管要不要，都先给弄下来！

大东　　聚焦型爬虫专注于特定网页和特定信息的抓取，只搜索和抓取事先定义的关键信息。聚焦型爬虫通常用于数据分析工作的数据搜集阶段，有很强的针对性。

小白　　不求量，只求准！

> **大东**　增量型爬虫在固定一段时间自动对网页进行重新抓取，能获取到网页更新的内容，并存储到数据库。

> **小白**　有点自动化的意思！

> **大东**　深层型爬虫能够代替人工对网页上的文字、图片等信息进行快速抓取及保存，通常针对需要提交登录数据才能进入的页面。深层型爬虫能自动化处理图片保存的复杂操作，同时获得大量感性认识难以得到的数据，为后续的决策提供支撑。

> **小白**　哇，这个最厉害！省去了好多人力呢。

◇一个简单爬虫的修养

> **小白**　爬虫这么好用，我也想写一个试试，大东东快给我讲讲怎么做吧。

> **大东**　爬虫一般有两种工作方式：一是模拟真实用户，在页面上进行操作；二是向网站发起 HTTP 请求，直接获取整个页面的内容。

> **小白**　噢，第一种我有所了解，可以使用软件测试工具来模拟用户的浏览和点击操作，例如在 Python 语言下，Selenium 就是一个可以用来模拟用户操作的包，再加上 lxml 包对网页的图图框框进行定位，简直完美。

> **大东**　没想到咱小白也有经验呢。

> **小白**　嘻嘻嘻，人不可貌相。

> **大东**　第二种方式我也以 Python 语言为例。程序先使用 HTTP 库向目标网站发起一个请求，等待服务器响应。如果服务器能正常响应，程序就能收到一个 Response（响应）。这个 Response

里的内容便是所要获取的页面内容，它有可能有 HTML、JSON 字符串、二进制等类型的数据，程序还需要继续对内容进行解析和提取，最终才能获得所需的信息。

小白　听起来也不错呢。

大东　一般来说，第二种方式比第一种效率更高。

小白　好！今晚我就可以回去写个爬虫了。

大东　爬虫程序一般也分为几个模块，分别实现不同功能。简单地说，爬虫调度端用来控制和监控爬虫的运行情况；URL 管理器对要抓取的目标网站的 URL 和已经抓取过的 URL 进行管理；网页下载器从 URL 管理器中的 URL 中下载网页，并生成字符串；网页解析器需要对网页下载器完成的内容进行解析，一方面解析出有用的价值数据，另一方面将网页中的链接取出并送到 URL 管理器里。

小白　哇，小小的一个爬虫，也是分工有序呢。

◇爬虫分布图

大东　其实，爬虫的最大聚集地就是出行软件，例如中国官方火车票购买系统 12306；紧随其后的是社交软件、电商软件。

小白　没想到爬虫种类还不少呢。

1. 最大聚集地——出行软件爬虫

大东　出行软件中爬虫的占比最高，在出行软件的爬虫中，有89.02% 的流量都是冲着 12306 去的。

小白　哇哦，全中国卖火车票的官方网站独此一家别无分号，也难怪呢。

大东　小白你有没有发现，12306 的验证码比其他网站的更为复杂呢？

小白　没错，有时候我甚至觉得自己智商不够用了。

大东　这些东西不是为了故意难为买票的普通用户，而是为了阻止抢票软件这种爬虫的点击。简单的爬虫无法正确识别复杂二维码，因此就能够被挡在门外。

小白　不对啊，现在还是可以用抢票软件抢到票啊。

大东　没错。抢票软件也不是那么好对付的，它们在和 12306 搞"对抗"。你听说过打码平台吗？

小白　那是啥？

大东　打码平台雇用了很多叔叔阿姨，他们的工作就是帮人识别验证码。当抢票软件遇到了验证码，系统就会自动把这些验证码传到他们面前，以人工的方式完成识别，然后再把结果传回去。这期间总共只需要几秒时间。

小白　厉害了啊！

大东　这样的打码平台还有记忆功能，当遇到已经标记过的图，系统能直接判断它的验证答案。时间一长，12306 系统里的图片就被标记完了，机器自己都能认识，人工环节就可以省略了。

小白　这是人工击败数据库啊！

大东　每当过年前，就是 12306 最繁忙的时候。公开数据显示："最高峰时 1 天内页面浏览量达 813.4 亿次，1 小时最高点击量 59.3 亿次，平均每秒 164.8 万次。"这还是加上验证码防护之后的数据，可想而知，被拦截在外面的爬虫还有很多。

小白 天呐，我回家的票就是被它们抢走的。

大东 票被抢票软件抢走，对像我们父母那样的不会抢票的人来说，是不是不公平呢？

小白 太过分了！

2. 网络水军势力——社交软件爬虫

小白 社交软件也有什么可抓取的信息吗？

大东 你想，如果我能随心所欲地指挥一帮机器人，打开某人的微博，然后刷到某一条，接着疯狂关注、点赞或者留言。

小白 噢！僵尸粉！

大东 你想象一下这个场景：一个路人甲的微博没人关注，于是用大量的爬虫给自己做了十万人的僵尸粉，一群僵尸粉在我的微博下面点赞、评论，不亦乐乎。

小白 这有啥好乐的？

大东 接着，路人甲找到一个游戏厂商，跟他说："你看我有这么多粉丝，你在我这投广告吧。我帮你发一条游戏的注册链接，每有一个人通过我的链接注册了游戏，你就给我一毛钱。"广告主说："不错，就这么办。"

小白 那他发的注册链接，也没人点啊。

大东 不慌，路人甲又让十万爬虫继续前赴后继地点击注册链接，然后自动去完成注册动作。

小白 哇，这不是骗钱嘛！

大东 我只是举了个例子，数据不一定和现实吻合，具体操作也会更复杂。

小白　这种赚钱方式太过分了！

大东　你再想象一下这个场景：微博上经常有明星给粉丝发红包，于是有人率十万僵尸粉去抢。

小白　难怪我每次打开都是"已抢完"啊！这些爬虫太过分啦！

3. 购物"助手"——电商软件爬虫

大东　小白，你在网上购物是怎么挑选商品的呢？

小白　我就是在每个软件上搜索我要买的东西，然后一家一家对比。

大东　作为网购老用户，你竟然不知道有种东西叫作"比价网站"。

小白　还有这东西？

大东　在比价网站上，你搜索一样商品，这类聚合平台就会自动把各个电商的商品都放在你面前供你选择，基本各大购物网站都能囊括在内。

小白　好东西呀，回头我试试。

大东　这就是爬虫的功劳。它们去各家电商软件上，把商品的图片和价格统统抓取下来，然后在自己这里展示。

小白　电商网站知道自己被抓了吗？

大东　当然知道。尽管电商网站抗拒这种行为，但是很难阻止这类事情发生。由于爬虫是模拟普通用户的点击行为，电商网站通常难以辨别机器行为，甚至都不能使用复杂验证码。

小白　是啊，如果每点开一个商品详情，就要做一次验证，还"剁手"呢，我都想剁了手机！不过为啥电商软件不喜欢被抓取呢？

大东 对于同一商品，在单个电商软件内，软件能决定哪个搜索结果排在前面，哪个在后面。但是如果用户使用了比价平台，这个排名就失去了意义，电商软件就丧失了控制权。

小白 也是，断人财路，难怪不受欢迎。

◇反爬技术

小白 大东东，我有个问题。有些同学不愿意轻易分享他的劳动成果，那只要不让别人看他的作业就行了。但在网络上，网站都是公开的，谁都能看到，要是我不想让别人抄，这该怎么办呀？

大东 有爬虫技术，当然也有反爬技术了。

小白 前排听讲。

大东 据我了解，目前的反爬技术大致分为 4 种。最为经典的反爬虫策略当数验证码了。

小白 我知道，是不是那个永远输不对的"反人类"验证码？

大东 是的，因为验证码是图片，用户登录时只需输入一次便可登录成功；而程序在抓取数据过程中，就需要不断地登录，抓取 1000 个用户的个人信息，就需要填 1000 次验证码，这就能减缓甚至拦下程序的抓取进程。

小白 哇，真是个不错的办法啊。

大东 另外一种比较狠的反爬虫策略当数封 IP 和封账号了。网站一旦发现某个 IP 或者网站账号有爬虫的嫌疑，就立刻对账号和 IP 进行查封，其他人短时间甚至永久都不能再通过这个 IP 或账号访问网站了。

小白　这个太狠了!

大东　比较常见的是通过 cookie(一种存储在用户本地终端上的数据)限制抓取信息,例如程序模拟登录之后,想拿到登录之后的某页面信息,还需要请求一些中间页面拿到特定的 cookie,然后才可以抓取到需要的页面。

小白　操作更烦琐了呢。

大东　另外一种比较常见的反爬虫模式当数采用 JS(JavaScript)渲染页面了。什么意思呢,就是返回的页面并不是全部直接请求得到的,而是有一部分由 JS 操作数据文件得到的,那部分数据也是我们拿不到的。

小白　看来大家为了阻止自己的"作业"被抄袭,都想尽了办法呢!

大东　所以小白啊,从现在开始,不管是你还是你的同学,都好好写作业吧,想靠抄袭得到好成绩,迟早会有"报应"的!

小白　那必须好好做呢。

思维拓展

1. 通过上述的学习,你了解到了哪些爬虫知识?

2. 目前有哪些有效的反爬虫策略?请你列举几个。尝试创造性地思考一种反爬虫策略。

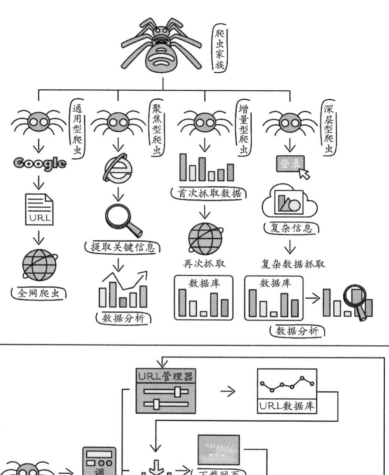

爬虫家族

通用型爬虫 → Google → URL → 全网爬虫

聚焦型爬虫 → 提取关键信息 → 数据分析

增量型爬虫 → 首次抓取数据 → 再次抓取 → 数据库

深层型爬虫 → 登录 → 复杂信息 → 复杂数据抓取 → 数据库 → 数据分析

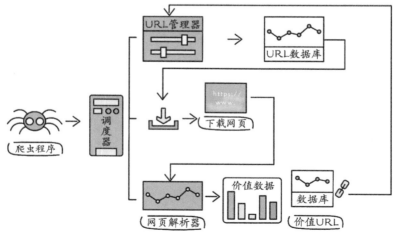

爬虫程序 → 调度器 → URL管理器 → URL数据库

下载网页

价值数据

数据库

网页解析器

价值URL

18

长期潜伏的恶意商业间谍

APT

夫尽小者大，积微成著。

NO.1 小白剧场

小白 　东哥，我最近比较喜欢看间谍片，你有什么好的推荐吗？

大东 　间谍片我看得比较少，不过说到间谍，我想考考你，你知道 APT 是什么吗？

小白 　东哥既然这么问，那它多半是个病毒吧！

大东 　回答错误，看来你不太知道，那我给你讲讲吧。

小白 　好的，小板凳上坐好听东哥讲课。

NO.2 大话始末

大东 　APT 是英文 Advanced Persistent Threat 的简称。

小白 　那这个英文是啥意思呢？

大东 　小白，你的英语还有待提高啊。

小白 　从小英语就不好，可能我语言天赋太弱了，所以东哥，以后讲课的时候最好多讲点英文方面的术语，这样我也好提升一下英文水平。

大东 没问题，那就从这个词开始讲吧，这个词的意思是高级持续性威胁。它主要使用一些攻击手段对特定的目标进行长期的并且持续的攻击，并且这种攻击形式要更加高级与先进。

小白 它的高级性体现在哪里呢？

大东 APT 在发起攻击之前就会对攻击对象的业务流程和目标系统进行精确的搜集。

小白 信息搜集应该是发起一次网络攻击的前提吧。

大东 没错，信息搜集在整个攻击过程中占用的时间是最多的，精确全面的信息搜集可以为后期的攻击提供很大的便利。

小白 既然信息搜集是网络攻击的前提，那这样也看不出它的高级性呀。

大东 我刚才还没有讲完，就是想看看你能不能主动地发现问题并提出问题。

小白 哈哈，没想到我这么优秀吧，是不是通过东哥你的审核了呢？

大东 小白，积极思考的态度值得表扬，来，送你一朵小红花。

小白 谢谢东哥的表扬，东哥，你继续讲刚才没讲完的内容吧。

大东 既然小白同学这么积极，那我只好恭敬不如从命了。APT组织在信息收集的过程中，会主动挖掘被攻击对象的受信系统和应用程序的漏洞，之后就可以利用这些挖掘到的漏洞攻击目标用户了。

小白 那它的持续性体现在哪里呢？

大东 有的 APT 组织为了攻击指定的目标，会花费近十年的时间。

（小白）　十年！这可真够有毅力的。

（大东）　其实 APT 组织最可怕的地方恰恰是其持续性，任何一个人被这样一个如此有毅力的黑客组织瞄上，都不会太轻松的。

（小白）　那它发起攻击是为了盗取资料吗？

（大东）　对，APT 从另一个角度来看可以说是一种蓄谋已久的"恶意商业间谍威胁"。黑客的目的是窃取国家、企业内部的核心资料。这种攻击行为往往会经过长期的经营与策划，从而严重地威胁企业的数据安全甚至国家的网络安全。

（小白）　这么厉害，那它的隐蔽性是不是很强？

（大东）　没错，小白你猜得很准，APT 的攻击手法在于隐匿自己，其本身具备高度的隐蔽性。

（小白）　那为什么 APT 组织会跟间谍挂钩呢？

（大东）　因为像这种针对特定对象，长期、有计划性和组织性地窃取数据的行为（而且这种行为还发生在数字空间中），其实就是一种典型的网络间谍行为。

（小白）　那它以何种方式窃取企业甚至国家的数据呢？

（大东）　APT 入侵系统的途径多种多样，主要包括以下几个方面：以智能手机、平板电脑等移动设备为中介入侵企业信息系统。

（小白）　那 APT 攻击屡屡成功的原因是什么？

（大东）　许多 APT 攻击成功的重要原因之一就是社交工程恶意邮件的存在，这些恶意邮件几乎难辨真假。从一些受到 APT 攻击的大型企业可以发现，这些企业受到威胁的关键原因都与普通员工收到社交工程的恶意邮件有关。黑客刚一开始就针对某些特定员工发送钓鱼邮件，以此作为使用 APT 手法进行攻击的源头。

小白　太恐怖了，那还有没有其他的方法？

大东　当然有了，利用防火墙、服务器等系统漏洞获取访问企业网络的有效凭证信息是使用 APT 攻击的另一重要手段。总之，APT 正在通过一切方式，绕过基于代码的传统安全方案（如防病毒软件、防火墙、IPS 等），并更长时间地潜伏在系统中，让传统防御体系难以侦测。

小白　东哥，你认为 APT 攻击最大的威胁是什么？

大东　APT 攻击最大的威胁前面我们也有提过，就是它的潜伏性和持续性，这些攻击和威胁可能存在于用户的环境之中一年之久甚至更长。

小白　持续这么久难道防御系统都不会发现吗？

大东　APT 攻击具有持续性很高的特征，这让企业的管理人员无从察觉。在此期间，这种持续性体现在攻击者不断尝试各种攻击手段，以及渗透到网络内部后长期蛰伏等方面。

小白　那攻击者是如何长期潜伏并获取数据的？

大东　攻击者会建立一个类似僵尸网络（Botnet）的远程控制架构，然后定期传送有潜在价值文件的副本给命令和控制服务器（C&C Server）审查。服务器将过滤后的敏感机密数据利用加密的方式外传。我来给你仔细讲讲它的过程吧。

小白　好的!

大东　恶意的电子邮件被攻击者发送给一个组织内部的收件人。例如，CryptoLocker 就是一种感染方式，它也被称为勒索软件。它的攻击目标是采用 Windows 操作系统的个人计算机，CryptoLocker 会在本地磁盘上进行文件的加密和网络磁盘的映射。如果用户不乖乖地交赎金，它就会删除加密密钥，使用户没有办法访问自己的数据。

小白　这个方法就有点恐怖啦。

大东　这只是其中一个方法，还有两个方法，一个是攻击者会攻击一个组织中用户经常访问的网站。著名的 Gameover Zeus 就是一个例子，一旦进入网络，它就能使用 P2P 通信去控制受感染的设备。另一个是攻击者会通过一个直连物理设备（如感染病毒的 U盘）攻击网络。

小白　进入组织内部以后它怎样窃取数据呢？

大东　一旦进入组织内部，几乎在所有的攻击案例中，恶意软件执行的第一个重要操作都是使用 DNS 从一个远程服务器上下载真实的 APT。在成功实现恶意目标方面，真实的 APT 比初始感染要强大许多。

小白　那杀毒软件察觉不到这些恶意行为吗？

大东　在下载安装之后，APT 会禁用运行在已感染计算机上的杀毒软件或类似软件，不幸的是，这个操作并不难。然后，APT 通常会收集一些基础数据，再使用 DNS 连接一个命令与控制服务器，接收下一步的指令。

小白　那么多数据，攻击者要如何将其转移到自己的计算机上呢？

大东　这个问题问得很好，因为攻击者可能在一次成功的 APT 中发现数量达到太字节（TB）级的数据。在一些案例中，APT 会通过接收指令的相同命令与控制服务器来接收数据。然而，通常这些中介服务器的带宽和存储容量不足以在有限的时间范围内传输完数据。

小白　所以黑客用的是什么样的方法呢？

大东　因为传统数据传输还需要更多的步骤，而步骤越多就越容易被人发现，所以 APT 通常会直接连接另一个服务器，将它作为数据存储服务器，再将所有盗取的数据上传到这个服务器中。最后这个阶段一样会使用 DNS。

NO.3 小白内心说

小白　真可怕！有没有什么办法能防止数据被盗？

大东　有很多方法呀，例如使用威胁情报，它包括 APT 操作者的最新信息，从分析恶意软件获取的威胁情报，已知的不良域名，恶意电子邮件地址、附件、主题行，以及恶意链接和网站。

小白　那我们应该怎样具体地利用威胁情报呢？

大东　建立强大的出口规则。除网络流量（必须通过代理服务器）外，阻止企业的所有出站流量，阻止所有数据共享、网站和未分类网站。阻止 SSH、FTP、Telnet 或其他端口和协议离开网络。

小白　这样做有什么用呢？

大东　这样可以关闭恶意软件到 C2 主机的通信信道，阻止未经授权的数据渗出网络。而且企业还应收集和分析对关键网络和主机的详细日志记录以检查异常行为，详细的日志记录应保留一段时间以便进行调查；还应该建立与威胁情报匹配的警报。企业还应聘请安全分析师。

小白　安全分析师是做什么的？

大东　安全分析师的作用是配合企业进行威胁情报、日志分析以及提醒企业对 APT 进行积极防御。

小白　这个方法有点难懂，东哥可不可以介绍点简单的方法？

大东　当然可以了，其实我们还可以使用 cookie 管理技术，特别是对企业的 Web 站点。

小白　cookie 的作用是什么？

大东　当你成功登录一个网站时，服务器会返回一个认证（即 cookie）给浏览器，然后你再次进入与这些网站界面相关的网页时，可以直接通过 cookie 登录，这样可以持续一段时间，除非你把 cookie 删除。

小白　这个 cookie 还是挺实用的，但是如果泄露或被盗取是不是有风险呀？

大东　没错，小白，你这个问题问得非常好，这说明你认真思考了。现在确实有很多类型的攻击可以盗取 cookie。

小白　能不能详细地说一下盗取 cookie 的方式？

大东　这个有很多，一时半会儿讲不完，下次我再跟你讲，我们还是继续讨论如何防止数据被盗吧。

小白　嗯嗯，那还有其他的方式来防御吗？

大东　当然了，我们可以使用安全套接字协议（Secure Sockets Layer，SSL）技术。

小白 这个技术又是什么？我感觉自己懂的东西好少呀。

大东 SSL 技术是一种加密技术，它是一种特别简单的保密机制。

小白 怎么判断是否使用了 SSL 技术呢？

大东 其实 SSL 技术主要用在 Web 网站中，如果你发现一个网站的前缀是"HTTPS"，那它使用的就是 SSL 技术。

小白 为什么 SSL 技术可以加密呢？

大东 一个 SSL 连接，可以将数据打乱后再发布到一个网站。如果你正在阅读或发送电子邮件，SSL 连接将隐藏你与任何计算机或路由器的关系。如果你要通过一个公共场所的 Wi-Fi 上网，同样的道理，使用 SSL 可以阻止网站或其他任何人访问你的计算机。

小白 听了个半懂，先记好笔记，以后学明白了再回来看，感觉收获会更大。

大东 嗯，小白，加油！

思维拓展

1. 除了 APT 攻击，你还知道哪些隐蔽性很高的攻击？

2. 除了 APT 攻击，你还知道哪些以窃取核心资料为目的的网络攻击？

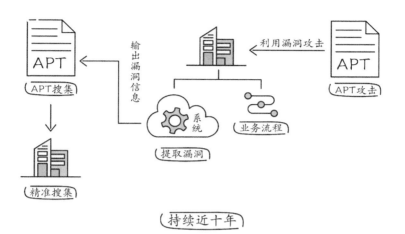

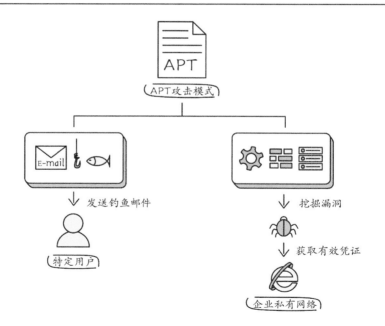

第 4 篇

新生安全

革故鼎新，并非为革故，实为推陈出新，让新的希望遍布网络空间的每个角落。前辈们不会想到，作为伴生技术的网络安全，竟然衍生了金融安全、大数据安全、物联网安全、人工智能安全、供应链安全、工控安全、区块链安全、航空安全、移动安全、数据安全等类目纷繁、概念充实的新生安全的子学科。在本篇，东粉们可以享受饕餮盛宴了。

19

Gozi 银行木马——邪恶的化身

> 君子坦荡荡，小人长戚戚。

NO.1 小白剧场

小白 大东，大东，我有个新名词想请教你，你知道 Gozi 木马吗？

大东 Gozi 木马也被称为 Ursnif，是目前发现的时间最为长久的银行木马，也被称为金融界历史上破坏性最强的病毒之一。

小白 哇，这个木马是病毒里的"老炮儿"了吧！

大东 是的，Gozi 的功能十分强大，尤其自 2010 年其源代码泄露后，该木马逐渐涵盖了键盘记录器、收集剪贴板信息、截屏并上传、盗取邮箱及浏览器存储的密码、重启与破坏操作系统、收集计算机信息、删除文件、上传与下载、远程控制、使用 Hook 技术实现浏览器劫持、窃取网银认证信息等十余种功能。

小白 这么厉害，那它是怎么传播的呢？

大东 该木马主要通过邮件传播，一旦用户打开邮件附件中的宏文档并启用宏功能，宏里的一个恶意脚本就会执行，并利用 Powershell 去执行远程地址的另一个脚本，在这里我们称之为

Payload.exe。

小白　　啥，啥是 Powershell？

大东　　Powershell 是微软开发的一个任务自动化和配置管理框架，由 .NET Framework 和 .NET Core 构建的命令行界面壳层相关脚本语言组成，相当于一个命令管理工具，可以执行远程命令。

小白　　哦哦，懂了懂了，那 Payload.exe 是用来做什么的？

大东　　Payload.exe 的主要作用是进行木马的安装，即设置开机自启动项，以及将带真正木马功能的 payload2.dll 注入 explorer 等进程。该二进制文件运行后，就会对机器的环境进行扫描，并修改系统的注册表，然后注入相应的进程和动态链接库。

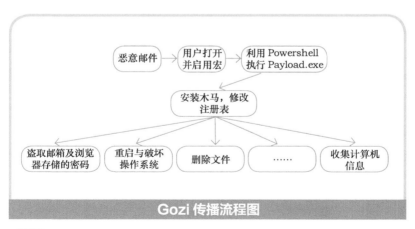

Gozi 传播流程图

小白　　等等，payload2.dll 又是啥？

大东　　这是一个动态链接库，木马的主要功能都在 payload2.dll 中，涉及的功能有之前提到的键盘记录器、收集剪贴板信息、截屏或将截屏做成 GIF 文件并上传、盗取邮箱及浏览器存储的密码、重启与破坏操作系统等。

小白 那什么是动态链接库呢？

大东 它是一个包含可由多个程序同时使用的代码和数据的库。当你运行一个程序时，程序会包含不同的模块，程序的每个模块都包含在动态链接库中并从中分发。

小白 原来是这样，听说最近这个木马又升级了，还取了个"拉风"的名字——GozNym，东哥，你知道这个事情吗？

大东 嗯，目前的 GozNym 木马是 Nymaim 和 Gozi ISFB（Gozi 木马由其他攻击者演化出的新版本）的结合体，Nymaim 和 Gozi ISFB 一样都是木马程序。其中，Nymaim 最主要的功能是勒索；Gozi ISFB 则是一个金融木马程序，注入浏览器后黑客即可监控用户的浏览行为。

小白 GozNym 木马程序融合了 Nymaim 与 Gozi ISFB 后，危害是不是就更大了？

大东 是的，有数据显示：GozNym 已经在一周内窃取了数百万美元，众多银行、电子商务平台等都遭到该木马的大规模破坏，而且除银行外，有两家金融机构也不幸成为 GozNym 恶意软件的"刀下亡魂"。

NO.2 话说事件

小白 大东，大东，你给我讲讲 Gozi 的来龙去脉吧！

大东 Gozi 是在 2007 年被发现的，它由一个已经解散的恶意程序组织运营，主要向说英语的国家发动网上银行欺诈攻击。2010年 9 月，Gozi 团队在进行版本更新时，其中一位开发者不小心泄露了源代码（ISFB）。所以在 2010 年底，Gozi 的变种开始出现，它使用了新的 Web 注入机制，主要针对欧美的银行。

小白　是谁制造了这个病毒？

大东　Gozi 银行木马是由尼基塔·库兹明（Nikita Kuzmin）制造的，他在 2010 年 11 月被美国执法部门逮捕，2013 年被指控多项互联网犯罪，主要罪行是创造 Gozi 软件入侵计算机并把这种软件卖给黑客，使黑客得以盗取客户银行账户中的存款。法院当时判其刑期为 95 年，这也创下了黑客刑期的最高纪录，并责令其支付 700 万美元罚款，以弥补其对银行业造成的重大损失。但由于尼基塔与政府部门之间存在合作关系，所以他的刑期被大大缩短。

小白　95 年！那不就是一辈子了吗？

大东　尼基塔自称并没有参与盗取银行账户信息的犯罪活动，而是出租了 Gozi 软件，然后从赃款中提成。

小白　尼基塔的犯罪行为完全是出于贪婪，而且在当时还促成了一种新型网络犯罪，这种犯罪后来变得越来越猖獗。

大东　是的，经计算机安全专家确认，5200 多人的一万个账户被入侵，涉及数百家公司账户的登录信息。而且被感染的计算机里也包括美国国家航空航天局的数百台计算机。

小白　那尼基塔是这次病毒案的唯一幕后黑手吗？

大东　不是的，除尼基塔外，被起诉的还有丹尼斯（Deniss）和米哈伊（Mihai）。他们分别于 2012 年 11 月和 2012 年 12 月被捕。

（小白） 幕后攻击者休想侥幸逃脱，必须受到应有的制裁！

（大东） 在事件平息后，检察官把这 3 名黑客称作"顶级的国际罪犯"，把他们和美国历史上有名的银行大盗威利·萨顿（Willie Sutton）相提并论。不同的是，他们不用拿着枪、戴着面具，但是他们对于银行安全和私人财产的威胁同样是巨大的。

（小白） 而且他们的结局也都是一样的，法网恢恢，疏而不漏！

NO.3 大话始末

（大东） IBM 通过对 Gozi 的分析发现，2015 年初的时候，它的攻击目标依然集中在美国和英国，而在 3 月到 5 月间扩展到了其他一些国家。

（小白） 那东哥，它有什么攻击习惯呢？

（大东） Gozi 的攻击习惯是，先在一个地区找出一个攻击目标，持续数月，然后再在该区域扩展攻击目标。例如在沙特阿拉伯，Gozi 刚开始只找了一个银行作为攻击目标，然后到 2015 年 7 月的时候，一下子就将其攻击目标增加到了 15 个。

（小白） 我看新闻说，在 2015 年 8 月，某安全研究员发现并分析了一个新的 Gozi 木马配置文件，最终确定该木马专门针对的是东欧某国的银行。之前版本的 Gozi 木马针对的主要是美国、英国、澳大利亚、沙特阿拉伯等地的银行，这是该木马第一次出现在东欧地区。这是不是意味着 Gozi 木马的攻击者开始把目标指向东欧了啊？

（大东） 你小子还挺关心时事的啊！其实在网络犯罪圈中，该国应该是以攻击者闻名的国家，它曾以网络欺诈、支付卡欺诈、ATM 欺诈等上了头条。

小白　该国的银行有什么比较严重的缺陷吗？

大东　一个最普遍的问题是可被用于跨国取钱或者洗黑钱。当 Carbanak 盗窃问题覆盖全球时，该国的银行也遭遇了网络攻击，并损失惨重。

小白　啥是 Carbanak 啊？

大东　Carbanak 是一个黑客团伙，他们一直盯着世界各地的银行，在过去的 5 年，他们盗窃金额超过 10 亿美元。

小白　那为啥攻击者开始对东欧国家感兴趣了？

大东　至于为什么要攻击东欧国家，金融动机是网络犯罪者们发动攻击的主要原因，最重要的是他们会因地制宜地制作出一封垃圾邮件，能最大程度地感染用户。

小白　看来世界各地的银行都要小心了，要采取防御措施！

大东　没错！随着科技的进步，银行业的安全防护能力也有了很大程度的提升。如何战胜威胁，保障系统、数据安全成为银行及整个金融业急需重视和解决的重要问题。

NO.4 小白内心说

小白　这个病毒为什么可以经久不衰呢？

大东　主要原因是在发展历程中 Gozi 的源代码曾多次泄露，这使得 Gozi 代码库中的强大功能被集成到了其他恶意软件中。

小白　大东，你预测一下这个木马病毒会不会很快消失？

大东　作为银行木马病毒，Gozi 在全球范围内被广泛应用于攻击世界各地的银行。它已经存在了超过 10 年的时间，而且根据其正在进行的活动的列表来看，它并不会很快消失。攻击者正在继续改进他们的技术并寻找有效的新方法来混淆他们的恶意服务器基础设施，试图使查杀人员分析和跟踪木马变得更加困难。

小白　那银行木马到底是怎样窃取我们的账户信息并进行资金窃取的呢？

大东　你刚才没好好听讲哦！我再详细地讲一遍。这个病毒首先需要依靠一个媒介进行传播，电子邮件对攻击者来说是最好的选择。攻击者首先会向目标组织发送有针对性的电子邮件，这些电子邮件是经过了精心设计的，而且攻击者还可以让分发活动与命令和控制的基础设施仅在短时间内处于活动状态，并迅速地转向新的域名和 IP 地址。这些都会增加调查人员调查其所进行活动的难度。

小白　垃圾电子邮件是不是都会采用 Microsoft Word 文档作为附件？打开时，文件会显示一个诱饵图像，使其看起来像是使用 Office 365 创建的。而且它会提示收件人"启用编辑"，如果收件人选择了这样做，那么嵌入在 Microsoft Word 文档中的恶意宏将自动执行，然后安装木马。

大东　没错，看来你有过这种经历啊。

小白　之前收到过类似的邮件，不过我没有那样做，东哥，能讲一下怎样预防 Gozi 木马的攻击吗？

大东　首先用户需要特别注意来历不明的邮件，勿随意点开其中的附件；而且要保持杀毒软件的正常开启，这样可有效拦截此类病毒攻击。金融机构应定期进行系统检修和安全防护，确保信息系统的安全，并进行必要的员工安全知识教育，这样才能防患于未然！

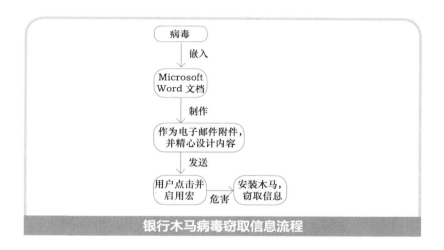

银行木马病毒窃取信息流程

思维拓展

1. 为什么有些国家虽小，也会在网络犯罪上有很大的影响力？

2. 我们在日常生活中该如何使用计算机和邮件来避免此类木马的侵害？

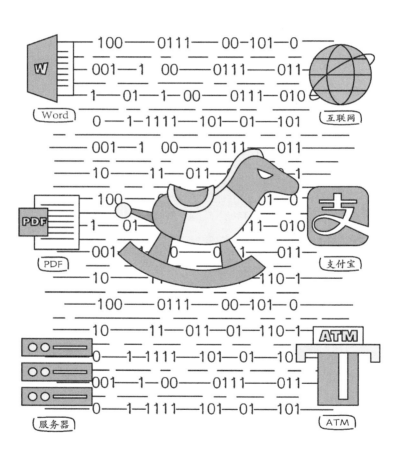

20

天下没有免费的大侠

天下没有免费的午餐，也没有不劳而获的幸福。

NO.1 小白剧场

小白　东哥，我来给你表演一个魔术呀。

大东　小白，你还会魔术？真是人不可貌相呀！

小白　啥意思？我长得不像魔术师吗？

大东　哈哈，开个玩笑，赶紧来表演魔术吧。

小白　看好了，这张图片是我之前的微信公众号列表，再看我现在的列表，有没有察觉到什么变化？

大东　不就是微信公众号变多了吗？这是很正常的事情呀。

小白　我要说我在这期间没关注公众号你信吗？不知道为啥我的微信总是能够自己悄悄关注奇怪的公众号，而且公众号里的内容有很多乱七八糟的东西，有时候我自己都不知道自己还关注了这个。

大东　就这？我怀揣着这么大的期望，你就给我表演这样的魔术吗？

小白　呜呜呜，我这不是为了让你给我解答问题吗？你还没把这个事情说清楚呢，这到底是怎么回事呀！

大东　其实答案很简单，很多搞安全的都知道这个。

小白　那我是个刚入门的小白，啥也不知道呀。

大东　没事，以后多跟着我学习就好了，其实出现这个情况的原因是你的账号已经被黑灰产团伙盯上了。

小白　什么？怎么会这样呢？

大东　你是不是看一些不良网页了？快点说，坦白从宽，抗拒从严。

小白　我可是科学上网的好公民啊！从来不浏览不良网页！

大东　哈哈，开个玩笑，其实黑灰产团伙盯上你跟你浏览什么网页没有太大关系，可能就是你的信息在之前被泄露了。

NO.2 话说事件

小白　东哥，我还是有点懵，可以讲一些类似的案例吗？

大东　2018 年 8 月，浙江绍兴越城区警方就抓获了一个网络犯罪分子，此人利用运营商的漏洞，非法获取了超过 30 亿条个人信息。

小白　30 亿？这也太可怕了吧，这样岂不是很多人的信息都被泄露了？这到底是怎样做到的？

大东　犯罪团伙与运营商签订了服务合同，并在服务器中布置信息窃取程序，从运营商流量池中非法获取用户数据，他们甚至将数据存放在了日本的服务器上来逃避抓捕。

小白　运营商也太疏忽了吧，他们手里可是全国用户的真实信息呢！如果被盗，那我们的信息以及隐私岂不是很危险吗？

大东　确实，而且这次案件涉及移动、联通等 20 多家服务提供商，导致了 96 家知名互联网公司用户数据流失。

小白　　国内的很多人网络安全意识还是不强啊，居然有 20 多家服务提供商都被波及。

大东　　所以网络安全现在越来越重要，我们也要通过科普来提高人们的安全意识。

小白　　如果信息被泄露，那岂不是用户在网上搜索了什么、去了哪儿、买了什么这些信息，都会被犯罪团伙掌握了？

大东　　没错，黑灰产团伙操控用户账号在社交平台进行加粉、刷量、加群、违规推广等来非法获利。犯罪团伙旗下的一家公司一年营收就超过 3000 万元。

小白　　3000 万元？数额可真够大的。

大东　　警方称，本案的作案手段新颖、盗取数据路径不同寻常，侦办难度极大。在阿里安全专案团队和归零实验室为案件提供的技术协助下，目前已有 5 名主要犯罪嫌疑人被抓获，而公司负责人邢某已潜逃。

小白　　还好大多都抓住了！剩下一个肯定也跑不远了！

大东　　2018 年 6 月下旬，越城区公安分局网警大队多次接到市民报案，说自己许多社交账户被控制了，而且经常收到垃圾信息和弹窗。

小白　　没错！我的情况跟你说的一模一样。

大东　　同一时段，越城区公安分局网警大队也接到阿里安全专案团队提供的线索，称有用户反馈个人信息被窃取。

小白　　果然是阿里，这速度真快。

大东 经调查发现，2018 年 4 月李某的个人账户曾被 8 个 IP 地址多次异常访问，这 8 个 IP 地址隶属的 IP 段还侵犯了 5000 多个其他用户。

小白 数据窃取者胆子还真是大！

大东 在阿里安全归零实验室提供的技术协助下，警方锁定该 IP 段后，发现是以北京瑞智华胜科技股份有限公司（下称"瑞智华胜"）为核心的多家公司在操控。

小白 还是上市公司带头联合操控？

大东 之后警方针对公司展开调查。2018 年 7 月，绍兴越城区警方在位于北京海淀区的瑞智华胜公司抓捕了作案人员。

小白 还好警方采取了行动，及时止损。

大东 随后，警方进行了反复探索、侦查，终于揭开了这个分工明确、获利颇丰的黑灰产犯罪团伙的真面目，也发现了一种新型的数据盗窃作案手段。

小白 盗窃手段总是更新换代、层出不穷。

NO.3 大话始末

大东 其实，涉案的瑞智华胜等 3 家公司的成员都是同一伙人。

小白 明明是同一个团伙，开 3 家公司的意义何在呢？

大东 他们开不同的公司是为了明确分工，从而全盘操控产业链。

小白 什么？整个产业链？不敢想象。

大东 其中两家公司主要与运营商签订服务合同，得到用户信息获取的权限，进而窃取数据。而瑞智华胜则主要将数据加工、处理，通过精准营销、恶意弹窗、加粉、刷量等方式获利变现。

小白　　真是"分工明确，精心策划"，各个公司主体互相合作获利。

大东　　在主导人邢某的安排下，黑灰产公司从 2014 年开始向全国十余省市的电信、移动、联通等运营商竞标、签订正式的服务合同，为其提供精准广告投放系统的开发、维护。

小白　　这个你之前科普过，例如我经常收到的流量包购买推荐、流量套餐推荐，都是这个系统算法的结果。这就相当于为每家运营商提供针对不同用户做精准信息推送的外包服务。

大东　　是的。在合作过程中，运营商均未对具体项目进行约束、监督，邢某等人才会将自己的恶意程序随意部署，窃取用户流量。

小白　　有这个案例为先例，各大运营商也该警惕起来了。

大东　　在提供软件服务的过程中，该犯罪团伙获得了运营商服务器的远程登录权限。于 2015 年开始，他们甚至编写了不合法的程序，并部署在运营商的服务器上窃取流量。

小白　　这就是盗窃行为啊！

大东　　当用户的流量经过运营商的服务器时，该程序便会采集与 cookie 类似的关键用户数据，并导入攻击者的服务器。

小白　　cookie 是……？

大东　　用户登录后，网站为了辨别用户身份，进行后续的对话，常将登录信息加密后保存在用户的本地终端。这样一来，攻击者窃取 cookie 便可以登录账户，从而进一步获取用户账户内的个人信息。

小白 天呐，cookie 就等于启动账号的钥匙啊！

大东 你这个形容没错，它不是在手机等终端，不是在淘宝等业务提供商，也不是在伪基站等网络低位连接，而是在链路末端劫持了用户信息。

小白 这么说来，数据从产生到存储的任何一个环节都会被泄露！

大东 没错！在掌握了全面的用户信息后，黑灰产团伙还对用户进行了"用户画像"，实施精准的电信诈骗等多种犯罪行为。最近陕西警方打掉的电信诈骗团伙，仅以更改考试成绩为幌子骗钱，就设计了 380 个剧本，进行精准诈骗。

小白 "用户画像"竟然也能成为犯罪分子的工具？

大东 "用户画像"技术的应用在信息化时代的今天十分常见，它能够根据用户的行为习惯、生活工作轨迹给用户贴上关键词标签，方便数据收集处理。

小白 抖音、微博客户端根据用户浏览记录推荐给用户可能感兴趣的内容，这也是"用户画像"技术应用的一种吧？

大东 没错，你所列举的是"用户画像"技术的良性商业应用，企业利用该技术合法地创造价值。而本案中的犯罪分子，则是出于不良商业动机，将该技术用于不正当之处，违规推广，非法获利，必须予以严惩。

小白 这种行为要坚决打击！

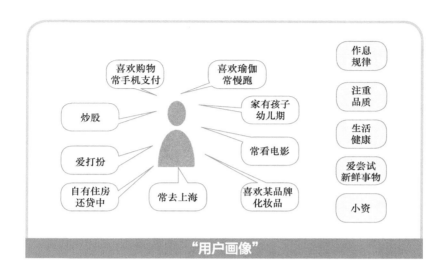

"用户画像"

NO.4 小白内心说

大东　此事件是以商业组织为单元，以商业营利为目的的数据不良利用行为。近些年来，公民信息被窃取的案例比比皆是。

小白　信息安全问题不容小觑啊！

大东　黑灰产团伙和黑数据平台的存在是数据泄露的主要原因，并且一旦数据被窃取，被攻击者也没有合理的维护措施，甚至会被二次窃取。

小白　看来需要加强法治建设啊！

大东　加强相关法治建设至关重要，另一方面，普通用户也应做好自我保护。

小白　采取什么方法进行自我保护呢？

大东 第一，要防范"信息病毒"，对于免费的 Wi-Fi 热点要警惕，可能暗藏木马；不随意打开陌生短信、彩信中包含的链接，防止打开"陷阱"网站。

小白 这个要养成良好习惯，随时注意。

大东 第二，定位功能开启需谨慎。手机的 GPS 定位功能可能暴露我们的位置信息，例如自己的家庭、工作地址等。

小白 在不使用软件时应尽量将 GPS 定位功能置于关闭状态。

大东 第三，严控系统权限，用户在授权时应仔细阅读相关条款，同时，定期查看软件中的相关授权情况，若有违规授权，及时在软件"隐私"等选项中查找并删除授权。

小白 记住了，在进行权限认证之前，我们要仔细阅读注意事项。

大东 第四，淘汰的手机不要随意出售。废旧手机及存储卡会存放个人信息，即便删除，也可恢复，最安全的办法就是及时销毁。

小白 嗯嗯，我一定会保护好自身的隐私，不会让私人信息不经意间流失。

大东 最后，严格遵守保密规定，做好加密防护工作，不随意在公共网络泄露个人及他人私密信息。

小白 好的，东哥！信息安全从我做起！

思维拓展

1. 如何保护自己的 cookie ？

2. 遇到黑灰产团伙我们应该怎么做？

21

一大波"僵尸车队"正在靠近

道路千万条，安全第一条；遇上"僵尸"车，亲人两行泪。

NO.1 小白剧场

小白 大东哥哥，最近我又重温了《速度与激情》系列电影，经典就是看不腻呀！

大东 噢，是吗，是有一些剧情吸引到你了？

小白 可以这么说吧，电影中的很多场景都挺让我震撼的，其中最令我惊叹的是《速度与激情 8》中的反派查理兹·塞隆策划指挥的那一段"僵尸车队"。他控制了 1000 辆车，去拦截目标人物。

大东 这是拥有自动驾驶功能的智能车，塞隆通过黑客入侵了智能车控制系统，这些车就成了全部由他远程操控的"僵尸"。

小白 在现实中也可以通过入侵智能车控制系统远程操控车辆吗？要是可以的话那可太可怕了，随便想一个场景，有一个人想暗杀大富豪，他就可以找黑客入侵这个富豪想要乘坐的汽车的控制系统，这样就可以伪造汽车事故了。呀，太可怕了！

大东 小白，你的脑洞太大了。不过黑客远程控制汽车看似是很科幻的场景，但单从技术角度来说，远程控制和劫持汽车目前是完全可以实现的。虽然电影的表现手法比较夸张，现实生活中不会出现像电影情节一样的事情，但未来极有可能会出现类似的恐怖事件。

小白　不会吧，这么吓人的吗？

NO.2 大话始末

大东　现在是不是觉得打车时遇到的车技好的师傅还蛮不错的？

小白　岂止呢，就算开车技术差，但相较于被黑客控制当成僵尸车队还是很好的。

大东　那你现在有没有驾照呢？

小白　没有，在我想考驾照的时候，自动驾驶这一方向在学术界和工业界都已经很流行，所以我就在静待自动驾驶汽车的出现。谁知道这种黑客远程控制汽车的情况听起来更可怕，我想我要重新考虑一下是否要考驾照。

大东　黑客远程控制汽车也是基于自动驾驶这一技术之上的，说到这里，小白，你刚才说你受到了自动驾驶的影响，那你有没有认真了解过自动驾驶这一技术？

小白　没有，可能就是为自己不考驾照找的一个借口吧，东哥，那你不如先给我科普一下自动驾驶技术吧？

大东　自动驾驶汽车又称无人驾驶汽车、计算机驾驶汽车或轮式移动机器人，是一种通过计算机系统实现无人驾驶的智能汽车。

小白　这大概就是官方定义了。那是谁提出了这个开创性的概念呢？想一想科幻小说中出现的在空中飞的自动驾驶的小圆球，感觉自动驾驶技术的研制就是向着实现科幻小说中的场景迈出的第一步。

大东　2009 年就有自动驾驶汽车的雏形照片了！

小白　哇，2009 年，那时候我还蛮小的，咱们中国也才举办了奥运会，原来那个时候就已经有了这么先进的概念了。

大东　科学家总是充满创造力地走在探索之路上，小白你也要努力呀。

小白　惭愧了，朝着这个方向努力吧。那什么时候研发出了自动驾驶汽车的原型？

大东　应该是 2014 年 12 月中下旬，谷歌首次展示了自动驾驶原型车成品，该车可以自动进行全功能运行。

小白　哇哦，那咱们国家有什么进展呢？

大东　2018 年 12 月 28 日，百度 Apollo 自动驾驶全场景车队在长沙高速公路上行驶。

小白　想想这个画面就很炫酷。要是自动驾驶汽车没有被黑客入侵这一危险该有多好啊！

大东　每一件事物的发展都不可能是十全十美的，我们现在每天使用的手机、App 也存在很多的隐私安全漏洞问题，所以不要那么悲观啦。

小白　没错没错，更何况我还是学安全的，每天都在接触安全事件，我们不能说互联网上存在不好的信息就不去使用和发展互联网。我要积极地看待自动驾驶汽车。

大东　好，那我们就聊一聊黑客入侵汽车。小白，你听说过查利·米勒以及克里斯·瓦拉塞克吗？

小白　　是我孤陋寡闻了，我不知道他们。不过我倒是知道，如果说到黑客入侵汽车报道，最早应该是追溯到 2011 年，来自美国华盛顿大学以及加利福尼亚大学的研究人员曾经示范过如何通过无线方式打开轿车的门锁并且紧急制动。东哥你刚刚提及的两个人都做过什么呢？

大东　　哈哈，那只能说明小白同学和我关注的点不太一样，但是说到底真正让人们关注这类问题的还是他们两个。他们的"成名作"就是远程控制了一部吉普车——切诺基，之后人们就开始关注这类问题。在没有触碰仪表盘的情况下，他们可以控制切诺基的制冷系统、座椅背部的循环加热系统、汽车音响、雨刮器、喷水器，更重要的是，他们还能控制汽车的转向、制动以及换挡。

小白　　噢，那还行！

大东　　到了 2015 年，他们已经升级至无线攻击，米勒与瓦拉塞克开发的入侵工具已经具备远程触发的能力。2015 年，一名记者搭乘 IOActive 公司研究员米勒和瓦拉塞克的车后，在以 113 千米 / 小时的速度行驶时，这辆车的空调系统突然被打开并开始吹冷风，随后车内的无线电开关自动开启，雨刮器也启动了，雨刮液喷射到挡风玻璃上，最后这辆车自动偏离设定好的路线。切诺基的漏洞来自克莱斯勒公司的 Uconnect 系统的可联网计算功能，这个系统负责控制车辆的娱乐以及导航装置，同时可以拨打电话、设立 Wi-Fi 热点等。

小白　　这个我知道，研究员通过 Uconnect 系统入侵车内网，损害得最多的是娱乐和导航系统，对于发动机、制动、挡位等动力系统还是无能为力的。

大东 米勒与瓦拉塞克袭击的第一步是靠近汽车主机的一个芯片，通过娱乐系统硬件，他们悄悄重写了芯片的固件，植入了自己的代码。重写后的固件能够被用来通过汽车内部的 CAN 总线发送命令，从而控制引擎和转向这类机械部件。在约 40 千米 / 小时的行驶速度下，他们也能让车辆翻车。

小白 我输了，技术专家之所以是技术专家，是因为他们颠覆了常规，反正我一时半会儿是跟不上他们的思维了。

NO.3 小白内心说

大东 我总结了一下，《速度与激情 8》给出的问题不在于自动驾驶系统的接管权会出什么问题，而是在于，当这辆汽车既有自动驾驶功能，又实现了联网后，黑客可以攻克云平台，在破坏了汽车的转换控制系统后，直接控制智能终端。

小白 有点深奥，我不是特别理解！你的意思是说在系统被禁用及破坏的情况下，我们根本不可能从汽车手中拿到控制权？

大东 正确，小白同学的理解能力还是挺强的！这样来看，会遭遇此类破坏的汽车必须具备两个条件：一个是有自动驾驶系统，换句话说，这辆汽车的中枢计算机必须能够获得启动汽车、控制方向盘、控制油门以及挂挡的权限；另一个是自动驾驶系统的"开关"可以在线上开启，也就是说，它需要连接互联网，才能被黑客入侵汽车操控系统。

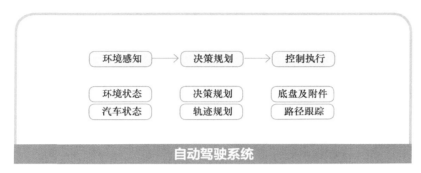

自动驾驶系统

小白　这个就有意思了。

大东　一般远程访问汽车控制系统有 3 个途径。一是通过 Wi-Fi系统入侵，如今很多汽车都有车载 Wi-Fi，由于汽车的影音娱乐系统也能与 CANBus 交换数据，而且这些数据都可以经过联网控制，因此黑客可以从这里控制。

小白　对呀对呀，车载 Wi-Fi 很常见的。

大东　二是通过蓝牙系统入侵，蓝牙车钥匙的确方便了车主，实用性很高，但大部分汽车厂商将蓝牙系统与 CANBus 相连，其中还包括了连接汽车动力控制部分的 CANBus，那么黑客就可以通过逆向工程做出与原厂遥控一样的蓝牙设备。三是通过云端数据，黑客通过云端数据可以知道车主的个人信息以及车架号、车牌号等，然后破解账户的密码登录该辆汽车的车联网平台，根据这个漏洞用手机 App 解锁并启动车辆。

小白　怎么形容黑客呢？简直就是无孔不入啊！

大东　哈哈，黑客还可以通过物理方式访问控制系统，不过这种方法需要黑客进入车内，通过直接读取车辆的电子控制单元

（Electronic Control Unit，ECU）植入相应代码，从而做到操控车辆。

小白　这也是一种方法，但是线下物理接触车辆，隐蔽性没有那么好。

大东　嗯，不管是远程访问还是物理访问，车辆都需要具备"自动驾驶"与"车联网"两个特征。而"自动驾驶"与"车联网"好像是当下科技与汽车行业最热门的研发领域。然而，这两个词放在一起后，极有可能引发"安全危机"。

小白　许多研究自动驾驶技术的公司，都打着"人工智能＋云计算"的招牌，推出了自动驾驶云平台。

大东　嗯呢，这些平台必须要连接无人车上数不胜数的传感器，因为只有这样，车辆所监测到的信息才能被传到云端，继而做进一步整合，让机器学习数据并进行分析、决策。然而，上传信息到云端虽然能够让机器更加"聪明"，让操作更加方便，但也暴露了汽车的信息与弱点。

小白　虽然《速度与激情8》的僵尸车队设定暂时是个想象中的场景，但是值得所有相关企业为之思考，并寻找更加完美的安全解决方案。自动驾驶技术确实带来了新的机遇，但同时也带来了风险。确保驾驶员和车辆安全永远是汽车生产厂家需要考虑的头等大事。

大东　汽车作为一种移动产品，最大的风险就是汽车计算机系统处于一种"无人值守"的状态。自动驾驶技术可以减少驾驶员的疲劳感，使车辆更加智能化，减少人为因素造成的不必要的危险，但车上总不可能随时都坐一个程序员帮你防御黑客的攻击。所以汽车安全未来肯定是一个热门领域。

小白　　随着自动驾驶技术和 5G 网络的成熟，可以预见的是，汽车联网的程度会越来越深，这可能需要整个汽车行业从基础设计上进行改变，提高安全标准，相关的法律法规也需要尽快出台。

大东　　没错。英国曾在 2017 年发布了《联网和自动驾驶车辆网络安全重要原则》，而国内则有《智能网联汽车车载端信息安全技术要求》。英国运输部还希望自动车道保持系统可以成为 2021 年之后生产的汽车上的一项标配功能，而这项功能可以辅助驾驶员来控制车辆的行进路线，减少驾驶员长途驾驶的疲劳感。

小白　　自动驾驶技术越来越成熟，安全问题也迫在眉睫。

思维拓展

1. 对自动驾驶汽车而言，目前阻碍它发展的因素主要有哪些？未来怎样解决这些问题？

2. 你觉得自动驾驶汽车的投入会得到大家的青睐吗？请说说你的理由。

3. 说说你对自动驾驶汽车的了解，你觉得还可以怎样去完善？

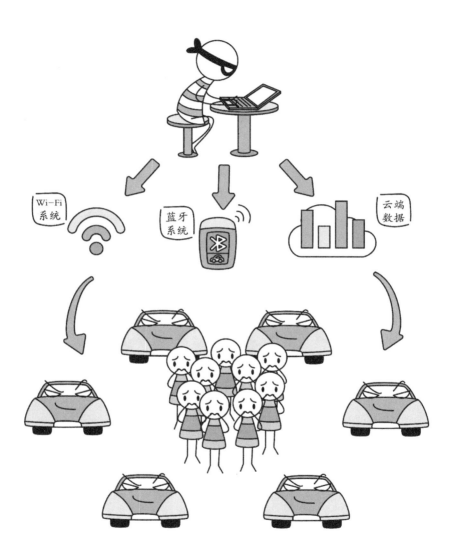

22

一瓶酒"助攻"地球流浪

最好的东西都不是独来的，它伴了所有的东西同来。

NO.1 小白剧场

大东 小白，新年过得怎么样呀？

小白 东哥，告诉你我假期里做过的蛮好玩的一件事！"道路千万条，安全第一条。行车不规范，亲人两行泪。"

大东 哈哈，《流浪地球》确实是新年电影的一匹黑马啊，是大家热议的焦点。不知小白在看完电影后有什么收获呢？

小白 东哥，不瞒您说，电影的后半程，我一直忙着在哭。虽然我是个理科生，但里面涉及的很多物理和天文知识我都不太懂，还是出了电影院，广大网友们帮我普及的呢。

大东 那你对电影里的什么最感兴趣呢？

小白 东哥，电影里除了帅气的演员，我对其中一个角色最感兴趣！而且对他还充满了疑问呢。

大东 我猜你说的是空间站中的人工智能管家莫斯吧。

小白 东哥，懂我。

大东 我不算是人工智能领域的专家，也不敢随意去揣测导演和编剧的科幻设计。我可以试着给你解答一下关于莫斯的疑问，不过最重要的还是讨论讨论由莫斯引发的在网络安全领域的一些思考。

NO.2 大话始末

◇莫斯

小白 在最后的危机时刻，莫斯否定了男主人公的设想，认为点燃木星是一个不可能完成的任务，在联合政府有关负责人已经想要配合尝试的时候，莫斯还是拒绝配合指令。莫斯是想保护自己或者说他已经拥有了一些自己的思想吗？

大东 人工智能和机器人的出现本就带有不确定性。影片中，我们可以看出机器人莫斯的系统中有两条底层命令：第一条是保护地球，第二条是保护空间站。你觉得这两条命令对莫斯来说哪个更重要？

小白 莫斯选择带着空间站"叛逃"，我觉得"保护空间站"这条命令的级别要比"保护地球"更高，因为空间站备份了整个人类的文明档案，还有足够多的人类受精卵，在地球遇到毁灭性打击的时候，莫斯带着它们逃出生天是最高级别的命令，也是最好的选择。莫斯也可以更好地保护他自己。

大东 说得不错，这也是为什么早先以色列科学家提出相同想法时，机器人通过计算喷射距离判定成功率是零。最后的成功结局是男主角牺牲自己和整个空间站才换来的。机器人这种技术产品的不确定性引起了很多人的警觉。为了保护人类，早在 1940 年著名科幻作家阿西莫夫就提出了最经典的机器人三原则，如果你感兴趣可以去查找一下看看哦。

小白　我来查查。

第一条：机器人不得伤害人类，或看到人类受到伤害而袖手旁观。

第二条：机器人必须服从人类的命令，除非这条命令与第一条相矛盾。

第三条：机器人必须保护自己，除非这种保护与以上两条相矛盾。

大东　没错。机器人三原则理论提出半个世纪以来，不断地被科幻作家和导演使用。但有趣的是，凡是出现机器人三原则的电影和小说里，机器人几乎都违反了该原则。

小白　哈哈！

大东　机器人三原则在科幻小说中大放光彩，也具有一定的现实意义，在机器人三原则基础上建立的新兴学科"机械伦理学"旨在研究人类和机械之间的关系。虽然机器人三原则在现实机器人工业中暂时没有应用，但很多人工智能和机器人领域的技术专家也认同这个准则，随着技术的发展，机器人三原则可能成为未来机器人的安全准则。

小白　好厉害，机器人三原则撑起了一个机器人世界。

大东　后来，人们还不断对机器人三原则进行补充、修正，增加了其他原则，例如"机器人在任何情况下都必须确认自己是机器人""机器人不得参与机器人的设计和制造"等。

小白 没想到东哥在科幻领域还有很深的研究啊。仔细想来，整个影片还是蛮有逻辑性的。

大东 还记得男主角是如何让莫斯乖乖听话，拿回人工控制权的吗？

小白 当然记得，一瓶"违规"的伏特加呀，破坏了整个莫斯才实现的。东哥，我似乎懂你的意思啦。我们关于剧情的讨论就到这里，开始安全领域的讨论吧。

大东 你这个小机灵鬼。

◇由莫斯引发的思考

小白 在我看来啊，人工智能是个很好的网络安全工具，但也是一把双刃剑。

大东 抢我台词了。那我就借用一位专家在演讲中的一句话来说吧。当一个新技术用于安全时，会存在两种情况：一种是用新技术支撑安全，当然它可以用作攻击，也可以用作防御；另一种是一个新技术本身就会带来一个新的安全问题。

小白 说起人工智能用来帮助安全工作人员进行防御，不知道我这样理解是不是对的呢？例如，如果一名工作人员通常在北京登录账号，突然有一天早上从纽约登录，这是一种反常现象——人工智能可以看出这是一种反常现象。

大东 理解得很对，但其实远远不是这么简单。人工智能可以帮安全很多很多的忙，例如可以自动评估开源代码的潜在缺陷，可以识别密码的泄露或者误用，可以分析潜在的安全行为路径等。但同时它也是攻击者的宝藏。

小白　说起攻击，就有点可怕了。感觉借助人工智能还可以提高攻击的效率呢，想都不敢想。

大东　网络犯罪分子利用人工智能中的技术完成各种恶意的任务。例如对开放的、易受攻击的端口进行扫描，或者将电子邮件自动组合，甚至实现 24 小时窃听。再例如，使用鱼叉式网络钓鱼的自动化功能，利用实时语音合成功能来模拟攻击和欺诈，或者在一定规模上进行像包嗅探和漏洞攻击这样的活动。

人工智能进行数据窃取与病毒传播

小白　对于科技真的要双向看待呀！

大东　人工智能的基本原则是收集数据，对数据进行分析，在了解结果的基础上做出决定并从结果中学习。这就是为什么将人工智能应用于网络安全会给其带来新的功能。

小白　人工智能只是网络安全技术中的一个工具。

大东 网络安全随着 IT 技术的发展而逐渐成熟，而海量数据的指数级增长使数据泄露变得更为普遍，原因有很多。例如安全凭证脆弱或被盗取、病毒的入侵、应用程序易受攻击和权限管理不当等。越来越多的黑客攻击促使企业网络安全架构中采用人工智能来提升效率和更加精准地进行数据防御。相对地，人工智能的发展也为黑客提供了改进攻击方式和手段的方法。

NO.3 小白内心说

大东 我们还有一个角度没有讨论哦，人工智能本身是否存在一些安全问题呢？

小白 快给我讲讲。

大东 人工智能自身存在着一些脆弱性。例如，在拥堵的北京三环路上，自动驾驶的汽车是否能顺利地从正确的出口行驶出来呢？人工智能要求汽车一定要保持一个安全距离，但人是会打心理战的。人工智能甚至可能出现威胁人类的潜在风险。

小白 任何技术都会存在潜在的安全问题，我们不能因为这个就判断这项技术是不好的，而是要理性地判断，通过一些手段来让技术更好地为我们服务，而不是成为犯罪分子的工具，你说是不是，东哥？

大东 是的，随着人工智能技术的成熟和大范围的应用，人们可能会面临越来越多的安全、隐私和伦理等方面的挑战。

小白 都有哪些挑战呢？

大东 首先就是隐私保护挑战。大数据驱动模式主导了近年来人工智能的发展，成为新一轮人工智能发展的重要特征。隐私问题是数据资源开发利用中的主要威胁之一，因此，在人工智能应用中必然也存在隐私侵犯风险。

> **小白**　确实，大量的数据在存储和使用的过程中都有泄露的风险。

> **大东**　其次是数据采集中的隐私侵犯。随着各类数据采集设施的广泛使用，智能系统不仅能通过指纹、心跳等生理特征来辨别身份，还能根据不同人的行为喜好自动调节灯光、调节室内温度、播放音乐，甚至能通过睡眠时间、锻炼情况、饮食习惯以及体征变化等来判断身体是否健康。然而，这些智能技术的使用就意味着智能系统掌握了个人的大量信息，甚至比个人自己更了解自己。这些数据如果使用得当，可以提升人类的生活质量，但如果出于商业目的而非法使用某些私人信息，就会造成隐私侵犯。

> **小白**　嗯，数据必须在用户本人同意的情况下才能被采集。

> **大东**　还有云计算中的隐私风险。云计算技术使用便捷、成本低廉，提供了基于共享池实现按需式资源使用的模式，许多公司和政府组织开始将数据存储至云上。将隐私信息存储至云端后，这些信息就容易遭到各种威胁和攻击。由于人工智能系统普遍对计算能力要求较高，目前在许多人工智能应用中，云计算已经被配置为主要架构，因此在开发该类智能应用时，云端隐私保护也是人们需要考虑的问题。

> **小白**　云端人工智能的安全值得引起关注。

> **大东**　除此之外，还有知识抽取中的隐私问题。将数据进行知识抽取是人工智能的重要能力，知识抽取工具正在变得越来越强大，无数个看似不相关的数据片段可能被整合在一起，从而识别出个人

行为特征甚至性格特征。

小白　这又怎么了呢？

大东　举个例子，只要将网站浏览记录、聊天内容、购物过程和其他各类别记录数据组合在一起，就可以勾勒出某人的行为轨迹，并可分析出个人偏好和行为习惯，从而进一步预测出这个人的潜在需求，商家可提前为这个人提供必要的信息、产品或服务。但是，这些个性化定制过程又伴随着对个人隐私的发现和曝光，如何规范隐私保护是一个需要与技术应用同步考虑的问题。

小白　哇，这确实需要慎重考虑啊！

大东　小白，给你留个作业，好好想想我们今天讲的机器人三原则和人工智能的安全问题，写个感想！

小白　呃……我先走了。

思维拓展

1.人工智能发展迅速，无疑会给我们的生活带来很大的便利。但人工智能的发展也存在安全问题，请你从安全的角度思考人工智能会存在哪些安全问题。

2.面对上述人工智能安全，你觉得采取哪些措施可以有效应对呢?

23

千里之堤，毁于蚁穴

供应链安全

大船沉没，原由小孔，百丈之堤，溃于蚁穴。

NO.1 小白剧场

小白 2018 年有一个国民大事件——美国禁止该国企业向中国中兴出售任何电子技术或通信元器件。作为一个给别人贴了 4 年手机膜的通信毕业生，当时我的朋友圈都被这件事情刷屏了。东哥，你怎么看待这件事情？

大东 不管事情到底是怎样的，最终的结果就是中兴供应链被切断，其人工智能之路可能被断送。

小白 为什么人工智能之路可能会被断送呢？

大东 因为高通、英特尔、微软和杜比都是中兴的主要设备提供商。

小白 那中兴可以更换一家供应商吗？

大东 事情没你想的这么简单，据估计，中兴的通信设备中有大量组件来自美国，中兴如果想为这些组件寻找新的供应商，那将会花费大量时间，而且更重要的是在此期间中兴几乎无法出售任何产品。

小白　太可怕了，这会给中兴造成无法估量的经济损失啊！

大东　没错，这就是供应链存在隐患的后果。

小白　唉，中兴当时还是太过于依赖他国技术了！

大东　没错，但不光是中兴。这件事更重要的是揭露了一个事实：我们现在在很多关键技术上仍受制于人。

小白　嗯，如果供应链一掐就断，那确实存在极大的安全隐患！因此我们必须要自主研发，在保证供应链安全的同时让其可控。

大东　没错，小白你说得很对。但供应链的安全不仅包括保证供应链不断这一方面的安全，它还包括很多方面。

NO.2 大话始末

小白　还有其他方面？东哥，能不能详细地讲讲。

大东　可以，不过你要先回答我：什么是供应链？

小白　供应链是从原材料采购一直到通过运输产品或服务提供给最终顾客的一组过程和资源所构成的网络，这点基础知识我还是懂的。

大东　不错，你的基础还是不错的。

小白　东哥，其实我只是知道一点基础知识，你能解释一下什么是供应链攻击吗？

大东　供应链攻击也称价值链攻击或第三方攻击。它发生在有攻击者通过可访问企业系统和数据的外部合作伙伴或者供应商的信息潜入内部系统的时候。

小白 这一攻击方式有过哪些惊人的"战绩"呢？

大东 它在过去几年里极大地改变了典型的企业攻击方式，因为在这一时间段其能够接触到的敏感数据供应商和服务提供商的数量比以往任何时候都要多。

小白 那为什么会出现供应链风险呢？

大东 其实很简单！在当今环境复杂、需求多样、竞争激烈的市场经济背景下，供应链所具有的多主体参与、跨地域、多环节的特征，使其系统容量受到来自外部和链条上等空间中的实体内部不利因素的影响，从而客观地形成了供应链风险。

小白 我大体了解了。

大东 那你说一下刚刚我们讲的供应链安全是什么吧！

小白 简单地说，供应链安全就是保证整个供应链不断，并且要保证供货渠道能够持续供货。

大东 没错，但这只是供应链安全的一个方面，它不只是包含商业合作伙伴的安全。

小白 那供应链安全还包括哪些呢？

大东 供应链安全还包括场所进入安全、人员安全、信息安全和运输货物安全。并且无论链上的哪一个节点出问题，都会导致供应链被切断，给企业造成不可预估的损失。

小白 太可怕了！那东哥，如果是这种明面上的切断，企业是不是还有时间来采取措施，进而减少损失呢？

大东 不错，但是在现在这个互联网时代，大多数的攻击者会采用更隐秘的方式来危害你的供应链安全！其中面临严重威胁的就是商业合作伙伴安全和信息安全。

小白　原来是这样！中兴事件便是在供应链上的第三部分——商业合作伙伴安全上出了问题。

大东　没错，这还算好的，他们光明正大地切断了供应链。还有一种方式是更可怕的，这种情况下，攻击者会在背地里悄无声息地做一些坏事情来切断供应链。

小白　东哥是不是知道这种类似的案例？给我讲讲呗！

大东　不要急嘛，小白！2017 年 5 月，来自瑞士安全公司 Modzero 的研究人员在检查 Windows Active Domain 的基础设施时，发现惠普音频驱动中存在一个内置键盘记录器，它可用来监控用户的所有按键输入。

小白　只是监控吗，那他们怎么获取这些信息呢，东哥？

大东　研究人员指出，惠普的缺陷代码（CVE-2017-8360）不但会抓取特殊键，而且还会记录每次按键，并将其存储在人类可读取的文件中。

小白　原来是记录在文件中了，那这些文件又存储在哪里呢？

大东　这个记录文件位于公用文件夹 C:\Users\Public\MicTray. log 中。

小白　这个文件包含哪些重要内容呢，东哥？

大东　它包含很多敏感信息，如用户登录的数据和密码。其他用户或第三方应用程序都可访问这个文件。

小白　那这次事件也是供应链问题造成的吗？

大东　没错。惠普台式计算机主要由主机和显示器组成，而主机又包括电源、内存、CPU 等硬件和操作系统、应用软件等，这些原材料大多来自不同的厂商，将这些厂商集合起来就是供应链。

小白 这么多来自不同供应商的组件！这样是不是就埋下了不少的供应链安全隐患呢，东哥？

大东 没错！供应链上的每一个产品都可能给网络安全带来隐患，尤其是关键信息基础设施的核心部件。

小白 那东哥，计算机关键信息基础设施的核心部件都有哪些呢？

大东 最核心的部件主要有计算芯片、存储芯片、数据库、交换机等。这些都是数据产生、存储、处理和传输的重要部件，它们如果出现了问题，便会给用户带来诸多方面的影响。

小白 这也太可怕了，真是到处充满了危险。

大东 最可怕的是计算机漏洞不仅能窥探个人用户信息，还能窃取国家或组织的机密！并且它也可用于网络空间作战。这样看来，惠普键盘记录器事件还只是网络安全领域的冰山一角。

小白 那东哥，既然你都这样说了，就再多介绍几个类似的例子，让我加深一下理解吧！

大东 别急，听我慢慢道来！2017 年 6 月末，NotPetya 恶意软件袭击了全球 59 个国家的跨国企业，知名集装箱货运公司马士基航运接单受阻，这充分证明了供应链现在正面临巨大的威胁。

小白 哇，好可怕啊！

大东 更可怕的是，航运订单之前只能通过电话下单，而马士基航运集团刚刚引入数字化策略，攻击便发生了！

小白　看来不仅仅是供应链里的厂商会出现问题，整个供应链的各个环节都面临着巨大威胁啊！

大东　没错！随着物联网逐渐融入人们的日常生活，供应链系统也遇到了新的麻烦。

小白　物联网会带给供应链系统哪些麻烦呢？

大东　例如网络攻击和其他漏洞被利用的威胁。随着企业和研究人员对端到端供应链的宣传普及，供应链也逐渐成为网络攻击的重点目标。

小白　这对每家企业而言都是一次警告啊，因为很可能在将来我们就会面临类似的情况。

大东　没错！NotPetya 勒索软件攻击仅仅是个开始，如果企业继续有"业务规模小"就没有风险威胁的思想，那么可能更大的混乱就在前方。

NO.3 小白内心说

小白　说来说去，又回到了我国的供应链安全问题。东哥，那我们应该如何保证供应链的安全呢？

大东　首先我们要对第三方网络安全风险进行正确的监管，并能够对所有供应商的安全和隐私政策进行评估。

小白　这样做有什么好处呢？

大东　这样一来便可以降低供应链风险。不仅如此，对第三方网络安全风险进行正确的监管还能够带来超出合规利益的红利。

小白　还有什么其他需要注意的问题吗，东哥？

大东　我们还要重视易被忽视的硬件安全，提高硬件安全是重中之重！

小白　硬件安全有什么特殊性呢？

大东　相比于软件安全、网络安全、数据安全等，硬件安全攻击是从关键元器件发动的攻击，相当于一种新的"降维攻击"，我们必须要高度重视硬件安全，因为黑客可能从芯片层、电路板层、固件层发动攻击。

小白　这次的中兴事件，我们要引以为鉴啊！

大东　不错！在中兴事件发生后，我们必须意识到在很多核心的部件上，我们不能一直依赖别人，因为只有自主才能可控，我们要从源头上自主研发。除此之外，在自主可控解决了安全问题之后，还要进一步防止后门。

小白　那我们国家是不是也要制定相应的审查制度呢，东哥？

大东　没错，要想从根本上保证供应链的安全，首先要找到影响供应链安全的因素，然后我们才能对症下药。正如美国国家标准与技术局研讨会上讨论的一样，我们国家可能也需要制定相应制度，而且公司供应链中的几个关键网络安全风险，也需要由网络空间相关公司的每个利益相关者好好思考并解决。

小白　那东哥，我想再请教个问题：关键网络安全风险都有哪些呢？

大东　一方面就是第三方服务提供者或厂商要思考几个问题。

小白　具体有哪些问题呢？

大东　首先，有多少公司能确保其较低层供应商了解了最新的系统、网络和应用级漏洞？现在全球很多商业巨头根本不清楚其供应商所用系统与应用的更新和受保护程度。其次，上游供应商应有何种网络安全实践？对这些期待或标准的遵从应如何评估？

> **小白**　那另一方面是什么呢？

> **大东**　另一方面就是雇员缺乏网络安全意识。

> **小白**　为什么这么说呢，东哥？

> **大东**　现在网络安全人才极度紧缺，尤其是在供应链这一块，供应链上就没有什么广泛的网络安全模块覆盖。而且多数大学甚至没有在本科或研究生物流项目中引入基础网络安全培训。最后企业在为关键的供应链职位招聘人员时，又很少有招聘者对应聘人员的基本网络安全知识做评估。

> **小白**　这个问题必须要解决，毕竟没有网络安全意识，还谈什么供应链安全呢？还有其他的建议吗，东哥？

> **大东**　还有就是公司和供应商系统中存在着软件安全漏洞，攻击者通常会进行网络扫描以发现薄弱环节。所以，无论是中小型企业还是大型企业，投资网络安全都是必需的。

> **小白**　没错！网络安全是个长期过程，因为网络罪犯一直在找寻网络以及系统中的新漏洞。他们永远不会停止利用漏洞。因此不采用最佳网络安全实践所造成的代价会比投资网络安全的花费高昂得多。

> **大东**　没有网络安全，就没有国家安全！而供应链安全也是网络安全中很重要的一部分。作为新一代的网络安全青年，小白你要担起重任，保障供应链安全，刻不容缓！

小白　收到，东哥！

思维拓展

1. 当今市场经济环境复杂、需求多样、竞争激烈。同时，供应链所具有的一些，如多主体参与、多环节、跨地域等特征，使供应链系统容量受到来自外部或链条上等诸多空间的不利影响。面对此类供应链风险，我们应该如何保证其安全呢？

2. 现在物联网发展迅速，其给我们的日常生活带来了诸多便利，但是也给供应链带来了麻烦。我们应该怎样更好地利用物联网来保证供应链安全呢？

24

关乎民生的"中枢神经"安全

关乎民生的工控产业,不可视作微末之物。

NO.1 小白剧场

大东 小白,你看过"007"系列的电影吗?

小白 当然,我可是个007爱好者呢! 007系列中的《007: 黄金眼》这一部我印象最深刻,在这之后就彻底喜欢上了剧中塑造的詹姆斯·邦德这一人物形象!

大东 《007: 黄金眼》这一部我也很喜欢! 那你看完电影有没有什么收获呢?

小白 剧中过瘾的特效、跌宕起伏的情节一个接着一个,我每看到新的情节就忘了之前的了。还有外形出众的男主角和女主角都让我印象深刻,没注意到别的东西啊!

大东 哈哈,原来你就是捡了芝麻丢西瓜,看了个热闹啊! 有空再去回顾一遍,相信你一定会有意想不到的收获!

小白 东哥,您这么一说我倒回想起其中一个比较经典的情节,就是"黄金眼"破坏太空武器控制中心那一段,我不太懂是什么原理,东哥能给我讲讲吗?

大东　当然可以啊，我正要和你聊聊其中的道理呢！

NO.2 大话始末

◇ 工控安全的前生今世

小白　东哥，快讲吧，我都等不及了！

大东　《007：黄金眼》中的"黄金眼"，其实就是模仿的苏联研制的一种攻击性卫星。

小白　这种攻击性卫星是什么原理呢？它主要攻击什么？

大东　它主要是靠发射强力电磁波来破坏电子系统。

小白　原来如此，武器控制中心被破坏的直接原因是它的电子系统被攻击了啊！

大东　对的，既然你明白其中的原因了，我来考考你，这种类似的电子系统攻击是什么安全问题呢？

小白　东哥，别考我了，在这方面我还真是个"小白"啊，你快说说。

大东　它其实隶属于工控系统安全（简称工控安全）问题，解决工控安全问题也是我们网络安全工作人员的职责所在哦！

小白　原来又回到了我们的老本行啊，兜兜转转又是它！

大东　哈哈，它俩相似，但你可不能认为工控安全问题就是网络安全问题哦！

小白　哦？它们不是对等的关系吗？它们之间有什么不同吗？

大东 所谓工控，其全名叫工业自动化控制，它是一个集合体，主要结合了电子电气、机械、软件等组件。工控系统的作用在于应用计算机技术、微电子技术、电气手段加速工厂生产，提高制造过程的效率和产品的精确率，同时满足便于操控和可视化的要求。

小白 听起来很厉害啊，东哥，工控的核心领域是哪些呢？

大东 对于一些大型电站、航空航天、水坝建造、工业温控加热、陶瓷领域，工控都能"大展身手"，起到了至关重要的作用。

小白 都是应用在国家技术前沿的领域啊，这还是很重要的。

大东 没错，所以工控安全特别重要，一旦出问题，造成的损失可是不可估量的！

小白 东哥，工控安全事件大多是哪些因素造成的呢？

大东 大多是人为、软硬件缺陷或故障、自然灾害等因素。这些因素会对工控系统、工控系统数据造成或者可能造成严重危害，进而影响正常的工业生产。

小白 那东哥，有没有什么工控安全出问题的案例，具体给我讲讲呗！

大东 好啊！2019 年的 3 月，委内瑞拉发生了一次大面积停电事件！

小白 大面积停电！是怎么一回事呢？

大东 在这之前，委内瑞拉曾多次停电，但这次的停电最严重。

小白 那他们采取了什么措施来挽回损失呢？

大东 委内瑞拉的相关技术人员努力恢复了全国约七成的电力。然而好景不长，几天后，委内瑞拉再次停电，甚至全国供水也被切断，全国民生和产业全部瘫痪！

小白　这次的工控问题影响力也太惊人了！

大东　《007：黄金眼》的拍摄时间是 1995 年，其中映射出的工控安全问题，英美两国及时意识到并采取了措施！可如今这么多年过去，委内瑞拉还爆发了这么严重的工控安全问题，真是没有吸取到一点前人的"教训"啊！

小白　都说"前人种树，后人乘凉"。他们非但没有给后人保留这片绿荫，甚至自己都弃之不用了！

大东　希望他们能从这次事件中吸取教训吧！

小白　希望我国也能吸取前人经验，在工控安全问题这方面打好预防针！

大东　我国可是一个善于学习、善于将技术因地制宜地应用的国家呢！说到我们强大的祖国了，我再考考你，你知道我国的工业制造业是什么的核心瓶颈吗？

小白　嘿嘿，东哥你快说吧！

大东　工业控制一向是制约中国装备行业乃至产品升级的瓶颈。装备制造业是工业的核心和基础，决定了国家工业和科技的水平，以及其在全球分工中所占据的地位。

小白　在工业生产中，工业控制技术具有举足轻重的地位，我国前沿技术人员要加油攻克难关啊！

大东　没错，我们也要加油，学习知识，掌握技术，为祖国贡献力量啊！

◇工控安全的现状

小白 东哥，我国的工控领域安全现状如何啊，给我说说你的看法呗？

大东 我国如今站在智能时代的入口，工业企业正处于智能化转型升级的关键时期，同时工控安全也将面临前所未有的挑战。

小白 具体会面临哪些挑战呢，东哥？

大东 当前，我国工控安全建设缺口巨大！

小白 为什么这么说呢？

大东 当前我国大量工控系统处于"裸奔"状态，同时又与IT网络系统存在互联，使得工控系统的安全防御能力极弱。

小白 给我举个例子呗，东哥！

大东 例如，Wanna Cry本身并非专门针对工控系统的勒索软件，但是在爆发期间也有大量工控系统被连带攻击，导致系统瘫痪，甚至造成企业停产等严重后果。

小白 那具体是什么原因导致我国工控系统如此脆弱呢？

大东 这主要是因为我国大量企业所开展的转型升级换代工作主要是在原有工控系统中增加通信模块，即只在原有基础上进行升级。

小白 这样的升级换代工作有什么不足之处呢？

大东 这样的升级不是基于一个统一的整体系统来进行设计的，导致在设计工控系统时很少，甚至根本就没有考虑到安全方面的因素。

小白 那确实应该调整升级方案，安全问题是重中之重啊！

大东 没错！之前人们主要关注的是工控设备的功能安全、系统的稳定性及可靠性等方面的问题。现在必须要在升级换代时强调安全观念!

> **小白**　那具体该在哪些方面强化安全设计呢?

> **大东**　例如,为了保证数据传输的安全性,互联网采用了加密、身份认证等机制,如 HTTPS 等协议。然而工控协议缺少这一机制,大部分的数据均采用明文传输,并且没有添加任何身份认证手段,这就使得工控系统的重要数据存在泄露的安全隐患。

> **小白**　那工控产业就需要在数据传输的保密性上做出改进了!我国除了存在工控安全建设缺口这一问题,在工控安全方面还有哪些不足呢,东哥?

> **大东**　例如我国工控产业的大量核心设备依然依赖进口,不能实现自主可控!

> **小白**　具体说说呗,东哥!

> **大东**　在我国绝大部分工控系统的建设过程中,大型系统集成项目由国外厂商参与实施,并且其中关键组件集成的实现细节不予公布。

> **小白**　这样一来,进口的这些关键组件即便被做了手脚,我们也不容易查出来啊!

> **大东**　没错!一句话概括就是——我国工控产品的核心技术受制于人。并且我们也不能排除进口的电子设备、制造设备、工控开发软件等工控产品中留有后门、木马的可能性,这些就是未来信息战中的潜在巨大风险。

> **小白**　嗯嗯,这确实是个很大的隐患,我们必须要实现关键组件

的自主研发，不能让他国牵着鼻子走！那除了这些，还有别的不足吗，东哥？

大东 例如，我国在工控安全相关的管理工作上还有待进一步提升，并且从事工控产业的工作人员，其素质亟待提高，尤其是安全防范意识亟待提高。

小白 为什么这么说，工作人员的素质很重要吗？

大东 当然！就工控安全来说，人的因素和管理的因素是其中非常重要的因素。大部分工控系统是与外部网络存在不同程度的隔离的，这是让企业管理者产生相应错觉的重要原因。

小白 那工控产业的工控系统具体是怎样操作的呢？

大东 在工控产业中，由外网计算机到工控内网计算机的病毒传播过程主要是利用人的因素，是由管理方面的漏洞所引发的。即便个人计算机与工控系统是物理隔离的，也可以通过 U 盘实现蠕虫病毒的传播。

小白 看来即便工控系统与外部网络做到了物理隔离，如果工作人员的安全意识差，仍会给攻击者带来渗透的机会！

大东 没错！因此不只是工控产业，所有企业在加强安全管理制度方面的建设的同时，还需要从根本上加强从业者的安全意识。

NO.3 小白内心说

小白 东哥，现在的工控安全问题是不是日益重要了啊？

大东 没错，近些年来，随着物联网趋势化、工控安全实战化，我们必须时刻盯紧工控安全产业！如果工控系统被攻击，损失将会很惨重！

小白　例如，会有攻击者入侵系统，像委内瑞拉事件一样断掉城市供电或供水？

大东　没错！工控系统不仅会被攻击者盯上，也会被列为攻击敌对国关键基础设施的入口点。

小白　嗯嗯，确实是很重要的一个点呢！

大东　那小白你知道该如何保障工控系统的安全性吗？

小白　我都快变成一问三不知了，东哥，别卖关子了，快说吧！

大东　2016 年 10 月，我国工业和信息化部所印发的《工业控制系统信息安全防护指南》（以下简称《指南》）就成为保障工控安全的一把利剑！

小白　那这把利剑有多锋利呢？

大东　《指南》中指出要坚持企业的主体责任及政府的监管、服务职责，聚焦系统防护、安全管理等安全保障重点，并描述了 11 项防护措施！

小白　这么多，东哥，可以简要描述一下吗？

大东　简而言之，就是将防护措施分为了 3 步，即保护网络、保护终端、保护控制器。

小白　怎样保护网络呢？

大东　保护网络要求工业公司设计好自身网络，其边界能够被防护周全。

小白　怎样保护终端呢？

大东　保护终端指运营技术（Operational Technology，OT）团队要防止公司网络被员工私有的设备接入。

小白　怎样保护控制器呢？

大东　保护控制器指通过加强检测能力和对工控系统修改及威胁的可预见性，从而加强对脆弱控制器的防护。

小白　太棒了，这样我国的工控安全就有保障了！

思维拓展

1. 工控安全主要是针对哪些关键产业做出防护？

2. 相比传统互联网网络安全，工控安全有什么特别之处？

3. 为什么工控安全如此重要，工控产业出现问题所造成的严重后果有哪些？

25

为软件看家的加密狗

区块链安全

保守秘密时，秘密是忠仆；泄露秘密时，秘密是祸主。

NO.1 小白剧场

小白　大东东，你的计算机里有小秘密吗？老实交代哦。

大东　……（笑而不语。）

小白　嘿嘿，沉默是金呀，沉默就是答案。

大东　是呀，我那美美的自拍照可不能给你看呢！

小白　不过，大东，咱们的计算机可是真的不安全呀。

大东　咦？怎么说？

小白　熟悉的人猜到计算机密码的概率其实还是挺大的呢。

大东　哈哈，原来你担心的是这个呀。小白，你属什么的呀？

小白　属狗！

大东　什么是加密狗和区块链？

小白　啥？

大东　让我们来开启加密狗这一课吧！

NO.2 大话始末

◇加密狗

大东　　我们可以用一只加密狗来保护你的私人小秘密哦。如果你想让别人开不了你的计算机，不如给自己的计算机主机上锁，保护好个人信息。

小白　　上锁？锁子锁计算机真的太丑了！

大东　　小白啊，买锁子不如买只加密狗。当启动计算机时，未插入加密狗的计算机主机，一旦开机就会自动关闭主机；当插入带有加密狗的 U 盘之后，计算机则会正常开机。

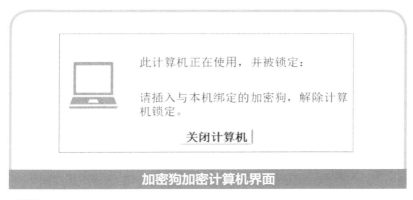

加密狗加密计算机界面

小白　　那加密狗到底是什么？

大东　　加密狗也叫作"加密锁"，是一种插在计算机并行口上的软硬件结合的加密产品（新型加密锁也有 USB 口的），通过在软件执行过程中和加密狗交换数据来实现加密。

小白 哦哦，有了加密狗的守护，一定很安全啦。

大东 可不能掉以轻心哦，我们所处的时代可不是一成不变的。随着解密技术的日益升级，人们对加密狗的安全性也提出了更高要求。传统的加密狗产生于 20 世纪 90 年代，它是用单片机来实现的，但由于其算法简单，存储空间小，容易被硬件复制等缺点，正逐渐被市场所淘汰。

小白 所以，加密狗也在不断地更新升级来满足人们的需求，对不对？

大东 当然了，"落后就得挨打，落后就会被淘汰"呢。

小白 现在我们的神奇技术有什么呢？

大东 第四代加密狗——智能卡加密狗。它的优点是稳定性更强，存储空间更大，最大可达到 64KB，还能够有效防止硬克隆。软硬结合的加密方案，既支持不同开发语言的加壳手段，又包含安全芯片的硬件加密狗，能够真正保证软件代码及授权密钥的安全。

小白 哇！这项技术是真的厉害，可是我有点疑惑，这和区块链有啥关系呢？

大东 不急，小白，你知道区块链是什么吗？

小白 求大东东赐教！

大东 首先，区块链是由一个共享的、容错的分布式数据库和多节点网络组成的。

小白 我开始听不懂了。

大东 咱们简单点说，在区块链数据库中，所有的交易数据都会被双方签名，以防止抵赖，并且数据仅可通过共识算法以块的形式增加，不可修改或删除，以防止篡改。

小白　所以，我可以理解为区块链上的数据都是真实且不可逆的吗？

大东　可以这么理解。借助区块链的特性，我们可以实现一些特殊的应用和功能，例如不依赖授信第三方的数据记录和链上数据溯源，通过点对点网络的数据通信和可信价值交换，对所有面向系统中心控制者的攻击都有非常强的抵抗能力。

小白　区块链潜力很大呀！

大东　是的。区块链的潜在应用包括物联网、互联网医疗、云存储、可信服务提供、互联网金融等。可以认为，一切存在中心化账本的技术都可能有区块链应用前景，这是一种高效和信任的交换。

小白　那区块链现在有成熟的应用吗？

大东　当然有了，比特币听过吗？

小白　当然听过了！现在比特币可是非常热门的话题。

大东　没错，它也是区块链成熟的应用之一。

◇ "狗"从"猫"说起

大东　小白，最近有没有什么游戏推荐呀？

小白　看来东哥有好东西要分享喽。

大东　我知道一款画风非常可爱的养成类游戏，叫作《加密狗》（*Cryptodogs*）。在游戏里每只狗都是独一无二的，完全归主人所有。它不能被复制、带走或销毁。

小白　这些狗狗是存在于区块链上的吗？区块链是什么呀？

大东 小白，我们传统的信息存储和交流都会经过数据库，所有的信息都能在数据库里面找到或者是修改。

小白 区块链有什么不一样吗？

大东 是的。区块链就是把整个互联网看作一个可以让很多人参加的交流会，一旦有信息发生改变，就会被公布出来，并且把信息记录在加密的小本子上，这个小本子只准观看、不准修改。最后每个人的小本子就相当于区块，交流会则相当于链条，串联起来的小本子就形成了区块链。

小白 好像有那么一点点复杂。

大东 虽然复杂，但是它自有好处。例如，你要贷款时，再也不用跑银行去打流水开证明了，因为你人生中的每笔交易区块链都有记录。

小白 那我的信息不会丢失吗？

大东 当然不会，一旦你丢失了信息，你也可以在别人那里找到，除非所有人都丢失，不过呀，这个概率几乎为 0。

小白 喔，这就是加密狗。

大东 其实，加密狗是在加密猫的基础上做的改进版。

小白 加密猫？这又是啥好玩的？

大东 《加密猫》（*Cryptokitties*）游戏是一款宠物养成类游戏，包括了猫的生育、收集、购买、销售等。一只公猫和一只母猫可以生育新的猫，新的猫也是全新的、独一无二的猫，且带有父母的遗传特征。《加密猫》是世界上第一个基于区块链的宠物游戏。

小白 我也要"云"养猫！

大东　你可以考虑养两只不同性别的猫，就可以进行繁殖，从而生下新猫，再放到市场上售卖。

小白　原来卖猫就是加密猫的核心功能呀。

大东　起初，《加密猫》游戏有 100 只创世猫，每 15 分钟就有一只新的 "Gen 0" 的 0 代猫诞生，它的售卖价格为在最新售卖出去的 5 只猫均价的基础上再增加 50%，但如果没有人购买，售价会开始下降，直到被人购买。所以猫的价格也是根据市场进行动态调整的。

小白　神奇的机制呢。

大东　是的，这些机制都非常有意思。例如加密猫的售卖采用了拍卖机制：猫的主人可以选择一个初始价格和结束价格，随着时间的流逝，价格会不断下降。

小白　那开发者是怎么赚钱的呢？

大东　赚钱方式很简单，目前为止收入也非常可观。首先，它销售出 100 只创世加密猫，同时每隔 15 分钟还有一只 0 代猫诞生，也就是每 15 分钟就有一只加密猫可以卖。另一方面，它还收取佣金：一是加密猫在市场上拍卖时收取佣金；二是，小猫繁殖收费时也收取佣金。

小白　我仿佛听见财富流动的声音。

大东　游戏进入区块链还有一个好处就是倒逼区块链升级，现在区块链交易费用高、交易速度慢、扩展性差，这次《加密猫》仅仅几小时就占据了以太坊超过 15% 的网络，超过了第二名的以德去中心化交易所，这说明游戏的力量是非常强大的，直接造成整个以太坊网络的拥堵，让很多想参加众筹或其他交易的人的体验非常不好。

小白　　用逼近的需求迫使技术升级，像极了赶作业的我。

大东　　另外，如果有更多的受欢迎的游戏进入区块链，将会促进区块链行业进行更多的易用性探索，这对区块链行业来说是一件好事。一旦《加密猫》证明了区块链游戏的可行性，那么关于虚拟财产个人所有的观念、虚拟支付的概念就会逐步深入人心。

小白　　让大家都玩起来！

◇ "狗"的升级

小白　　大东东，那么加密狗又是怎么出现的呢？

大东　　《加密猫》引起了游戏行业和区块链行业从业者的注意，但《加密猫》在机制上也有可以改进的地方。例如随着加密猫繁殖越来越多，稀有基因有可能不再稀有，加密猫有贬值风险；由于《加密猫》是基于以太坊的游戏应用，存在交易费用高、确认时间长、用户体验比较差等缺陷，很多用户玩《加密猫》遇到重重困难。

小白　　"猫"升级后就是"狗"啦！

NO.3 小白内心说

大东　　这些亟待解决的问题，给后来的区块链游戏提供了创新的机会。为了解决这几个问题，《加密狗》做了很多改进工作。

小白　　都有哪些改进呢？

大东　　首先是解决交易拥堵和费用高的问题。《加密猫》是建立在以太坊上的游戏，以太坊的交易性能是无法支撑起大规模的商业应用的。所以一款《加密猫》的游戏就让整个以太坊网络拥堵，而加密猫本身的交易功能也变得非常难用，交易费用也变得非常高，甚至出现交易费用比加密猫本身还贵的情况。

小白　　《加密狗》就不再基于以太坊开发了？

大东　　《加密狗》是基于 Achain 公链进行开发的，其交易性能可以达到 1000tps（每秒处理事务数）；它所采用的 RDPoS 共识机制在可扩展性和交易性能上都有了很大提升，且费用下降了很多。

小白　　厉害了！

大东　　另外，《加密狗》在游戏机制设计上也做了不少创新。例如增加了不可复制的加密狗，每只加密狗的基因编组都是独一无二、不可复制的。一旦用户拥有了这只加密狗，其他人只能通过购买来获得其拥有的加密狗，游戏开发商和运营者也无法插手。这意味着，如果一只加密狗是稀缺的，它的价值就会随着时间的流逝变得越来越高。

小白　　狗也会增值啦！

大东　　玩法中还存在基因突变概率，普通狗也有可能变为稀缺狗。还有不少其他有趣的玩法，小白可以自己去探索了。

小白　　哈哈，这个游戏真有意思！拜拜啦东哥，我要赶快去养一只属于我自己的加密狗啦！

思维拓展

1. 存储于区块链上的信息会丢失吗？请简述原因。

2. 最新的加密狗技术是什么？它具有哪些优点？

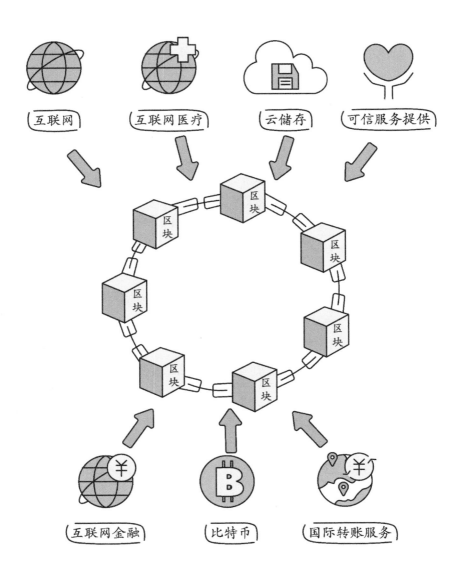

互联网　　互联网医疗　　云储存　　可信服务提供

区块　区块　区块　区块　区块　区块　区块

互联网金融　　比特币　　国际转账服务

26

"波音"事故不寻常，致命的漏洞你怕了吗？

迨天之未阴雨，彻彼桑土，绸缪牖户。

NO.1 小白剧场

大东 小白，听说你们学生宿舍的电梯到了时间还没年检，这是怎么一回事啊？

小白 听说是有关部门疏忽了，不过能有多大事呢？我们这电梯不是用得好好的？

大东 《诗经》有云："迨天之未阴雨，彻彼桑土，绸缪牖户。"

小白 呃，这是啥意思呀？我语文不太好。

大东 意思就是趁着天还未下雨，要把门窗关紧。安全问题不能疏忽，必须防患于未然。

小白 东哥，我觉得你有点杞人忧天了，这电梯质量这么好，怎么可能说坏就坏呢？

大东 小白，我不太同意你的这种观点，安全这种事必须要高标准、严要求，一旦出事，那很有可能会出现学生受伤甚至死亡的情况，埃塞俄比亚航空公司客机坠毁事件对我们来说就是很好的一个案例。

小白　嗯，我会记住东哥的教导的，不过埃塞俄比亚航空公司的客机坠毁，这到底是什么情况？能不能详细地讲解一下？

NO.2 话说事件

大东　2019 年 3 月，载有 149 名乘客与 8 名机组人员的埃塞俄比亚航空 ET302 号航班从亚的斯亚贝巴飞往内罗毕途中坠毁。埃塞俄比亚航空公司称，事故中没有生还者，遇难者中有 8 名中国人。

小白　这件事我居然没有听说过，但是怎么会发生这样的事呢？埃塞俄比亚航空不是非洲获得赞誉最多的航空公司之一吗？据说该公司拥有非常好的安全记录以及非洲大陆上最新的机型。这次遇难的飞机是什么型号？

大东　这次的遇难飞机为一架波音 737 MAX 8，这架飞机确实也是几个月前才交付的新飞机。

小白　等等，这波音 737 MAX 8 听起来很耳熟啊。如果我没记错，这不是和 2018 年 10 月印度尼西亚狮子航空公司坠机事件中的机型相同吗？

大东　没错，而且这两架飞机发生坠毁的时间都是起飞几分钟后。

小白　好吓人，这飞机失事的新闻看多了，我都不敢坐飞机了，心理阴影太大。我现在的心情可以用一句歇后语来表达："真是手拿鸡蛋走滑路——提心吊胆。"

大东　哈哈，小白，话不能这么说，因噎废食的思想可不对。

小白　嗯嗯，我也就是开个玩笑，毕竟现在去一些比较远的地方还是坐飞机比较快呀。

大东　没错，如果没有飞机，那可能人们出行就没那么方便了。

NO.3 大话始末

小白　两次事故的涉事飞机都为波音 737 MAX 机型，这应该不是巧合吧，这个机型的安全问题是不是该引起人们的高度重视了？

大东　在事件发生后，有分析认为，波音 737 MAX 配备了自动防失速系统，即"机动特性增强系统"，这便是导致事故的原因。

小白　这个系统是啥意思呀？能不能详细地说一下？

大东　简单来说就是飞机飞行时机头越高，攻角（气流与机翼弦线之间的夹角）越大，当攻角超出一定范围时，飞机将面临失速风险。

小白　那是不是设计师在设计这款飞机的时候没考虑到这点呢？

大东　恰恰相反，波音 737 MAX 8 配备的自动防失速系统一旦判断飞机失速，无须飞行员介入就能立即接管飞机控制，并使飞机低头飞行，以解除失速。

小白　这听上去不是一个非常好的系统吗？

大东　没错，波音公司对飞机失速保护的设想还是比较周全的，一方面通过飞行器失速保护系统中的处理器连接到飞机飞行控制计算机，可以对失速时的飞机进行自动控制保护；另一方面也允许飞行员进行人工干预和手动驾驶。

小白　那是不是这两个环节中的某一个出现了漏洞才会导致飞机坠

落呀？

大东 小白，你只说对了一半，不是某一个环节出了问题，实际上这两个环节可能都出现了漏洞。

小白 啊，怎么会这样？到底是哪些漏洞呢？

大东 该飞行器失速保护系统在控制飞机下降时，虽然飞行员可以通过手动控制输入指令来进行干预，但是由于事发过于突然，再加上缺乏事先的专门培训和警告，搞不清楚状况的飞行员很难及时完成解除风险的正确操作，不知情的地面管理机构也无法提供正确的指引或处置建议。

小白 确实是挺麻烦的。那失速保护系统触发和控制飞机俯冲下降时，如果飞行员一直在进行人工干涉，此时失速保护系统会做出何种选择？是飞行员输入指令优先？还是失速保护系统的控制软件程序优先？或是两者并行？

大东 问得好。即使处于手动飞行模式，波音 737 MAX 上的失速保护系统也可能导致飞机急剧下降时间长达 10 秒。飞行员在这段时间内难以控制飞机，就算飞行员手动拉起机头，5 秒后机头又会自动重复下降过程。

小白 怎么飞行员拉起机头，飞机反而下降了呢？

大东 这就表明，在失事飞机俯冲下降时，即使处于手动飞行模式，飞机的失速保护系统仍然处于激活状态，事故发生时，飞行员应该没有获得飞机的完全控制权。

小白 那么失速保护系统为何会错误地坚持认为飞机处于"失速"状态？失速保护系统为什么会无视飞行员的手动操作指令？

大东　失事飞机上共设有 3 个攻角传感器，波音失速保护系统的控制程序设计得很奇怪，其逻辑是只要主传感器认为飞机攻角过高（机头抬得过高），飞机就会有失速危险，从而激活失速保护系统。

小白　如果只是这个主传感器发生故障了，不就会导致整个系统出错？

大东　没错。

◇**致命的软件设计缺陷**

小白　就因为飞机系统设计的缺陷，这么多无辜的性命丧生，也让无数家庭身陷悲痛之中。

大东　你还记不记得 2009 年 6 月法国航空公司客机失踪的新闻？

小白　10 多年前的事了，这个还真不记得，求科普。

大东　当时测量飞机空速的皮托管结冰了，导致没有空速读数，自动驾驶系统便立即关闭了。

小白　那就需要飞行员来操作了。

大东　没错，可是当时两个飞行员很慌乱，配合出错，并且没有听到飞机发出的失速警告，一个操纵飞机上升，另一个操纵飞机下降，飞机系统也没有自动修正，最终导致了悲剧的发生。

小白　实在太恐怖了。

大东　2002 年 1 月，一架货运飞机和一架俄罗斯飞机在德国领空处于相撞航线上，但地面管制人员并没有发现这个情况。在空中，两架飞机相距不到一分钟的航程，这时飞机上的空中防撞系统（Traffic Collision Avoidance System，TCAS）发出警告。货运飞机的 TCAS 指示飞行员下降，俄罗斯飞机的 TCAS 指示飞行员攀升。

小白　两个 TCAS 发出了相互协调的指令，这不正好可以避免事故的发生吗？

大东　但不幸的是，地面管制人员此时发现了两架飞机即将相撞，他联系上了俄罗斯飞机的机组人员，在不知道 TCAS 已经发出攀升指令的情况下他向飞行员发出了相反的指令叫飞行员下降。俄罗斯飞行员最后还是遵从了航空管制的指令，开始下降。

小白　如果相信 TCAS，而不是这个管制人员，也就不会出事了。

大东　这次事件之后全世界的飞行员都被要求要优先遵从 TCAS 的指令，而不是航空管制人员发出的指令。

小白　目前的这些安全问题是由软件设计本身的逻辑漏洞造成的，属于被动式安全，如果有黑客入侵飞机控制系统，任何一个环节都可能造成重大事故。

大东　你这么一说我想起来，最近外媒报道了一位在越洋航班上闲得无聊的"网安专家"一不小心玩坏了机载娱乐系统的事件。他"不厌其烦"地在屏幕上复制粘贴一长串字符，其中还有像"fdkfdk fdkfdkfdhhhhhhhh"这样的文字。不久之后，这个应用就卡住了。

小白　听得我都吓出一身冷汗，这样操作娱乐系统，万一影响到正常飞行怎么办？

大东　好在这次操作并没有带来什么破坏，不过业内专家表示，研究行为确实是推动安全升级的好方法，但研究行为和黑客行为之间是有边界的，即黑客明知道自己的所作所为会产生什么样的潜在后果却没有及时收手。

> **小白**　即使真的要测试机载娱乐系统是否有漏洞，至少也要等到飞机上没人的时候再做啊。

NO.4 小白内心说

> **小白**　事件发生了，我们要学会从中总结经验教训，对此事件咱有啥防范措施不？

> **大东**　对飞行员来说，如果再次发生类似事故，机组人员仅仅依靠操作手册应对"攻角数据错误"很可能是不够的，飞行员可能还需要马上关闭失速保护系统，才能获取飞机的完全控制权。

> **小白**　平时也要对飞行员多加培训，让他们有处理这种风险的准备。

> **大东**　另外，波音公司在对其 737 MAX 上的失速保护系统进行更新时，还要解决传感器安全余度和数据真实性验证的设计缺陷，以及飞行员手动输入指令优先等问题。

> **小白**　这个确实很重要。

> **大东**　民用飞机制造商也要引以为戒，重视自动控制和失速保护系统的设计，避免出现安全隐患和软件设计的逻辑漏洞。

> **小白**　从这几次事件来看，飞行员什么时候该相信软件，什么时候该获取飞机控制权自己操控，让人很困惑啊，稍有不慎便代价惨重。

> **大东**　没错，所以飞机设计人员在设计软件的时候最忌讳对非正

常模式或者故障模式考虑不周全、不到位。例如波音就在失速保护系统的控制程序设计方面存在软件缺陷。

小白 软件设计缺陷最为致命呀！

大东 波音公司发布了一份操作手册公告：我们已经发现飞机存在设计缺陷了，目前暂时不知道怎么改，但也不需要停飞，我们已经发了故障操作手册给飞行员了。

小白 这算什么呀？生命宝贵得很，我才不要冒这么大的风险呢。

大东 哈哈，那告诉你一个好消息，为确保飞行安全，中国民用航空局要求国内运输航空公司于 2019 年 3 月暂停波音 737 MAX 8 飞机的商业运行。

小白 太棒了，为中国民用航空局点赞。

思维拓展

1. 人会犯错，计算机会出故障，所以当遇到危险时是优先听从计算机的指令，还是人的判断？请说明理由。

2. 假如飞机上的娱乐系统被干扰，对飞机的安全会造成何种程度的影响？

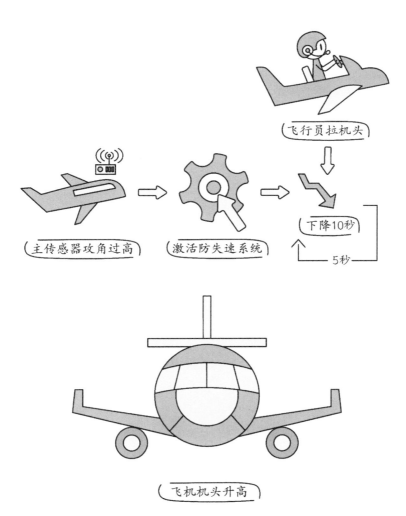

飞行员拉机头

主传感器攻角过高 → 激活防失速系统 → 下降10秒

5秒

飞机机头升高

SIM 卡出现的巨大漏洞 "绑架" 你的手机了吗?

潜伏十年的漏洞, 一触即发。

NO.1 小白剧场

大东 又在用手机打游戏? 好好学习!

小白 放松一下嘛。

大东 小心你的 SIM 卡 (Subscriber Identity Module, 用户身份识别卡) 被黑客利用, 窃取你的隐私。

小白 (吓得赶紧扔掉了手机。)

大东 近日, 国外有家安全公司披露了 SIM 卡的一个漏洞。

小白 什么漏洞?

大东 该漏洞被称为 "Simjacker", 它利用的是名为 S@T (SIMalliance Toolbox, S@T 发音同 sat) 浏览器的 SIM 卡中的旧软件技术, 该软件技术最后一次更新是在 2009 年。

小白 10 多年前了, 有点久远了。

大东 黑客通过该漏洞向手机发送一条短信, 短信中包含一种特定类型的代码。黑客可以利用该代码远程操控 SIM 卡发出命令, 控制手机，从而执行敏感命令，追踪手机的位置，并有可能接管该设备。

〔小白〕　这么可怕？

〔大东〕　目前至少有 30 个国家的移动运营商使用了 S@T 浏览器技术，影响手机用户总数超过 10 亿人。

〔小白〕　影响不小哟。

NO.2 大话始末

〔小白〕　这个 Simjacker 漏洞是如何运作的呢？

〔大东〕　Simjacker 攻击只需要发送一条短信，其中包含一种特定类型的间谍软件代码，然后手机会指示其内部的 UICC"接管"手机，并按顺序检索和执行敏感命令。

〔小白〕　这个 UICC 是啥？

〔大东〕　UICC 指的是通用集成电路卡，而 SIM 便是 UICC 平台上的第一个应用，可以说 SIM 卡是具有更多功能的 UICC，下面直接将该 SIM 卡称为 UICC。

〔小白〕　哦哦，是这样啊。

〔大东〕　当一条短信（Simjacker 攻击消息）被发送到目标手机时，攻击就开始了。

〔小白〕　此话怎讲？

〔大东〕　此 Simjacker 攻击消息从另一个手机通过 GSM 调制解调器或连接到 A2P（Asset to Peer）账户的用户管理系统账户进行发送，其包含一系列 SIM 工具包（STK）指令，并专门设计成可以传送到 UICC / eUICC（嵌入式 UICC）设备内的形式。

小白 后悔没好好学通信了。

大东 没事，还可以学。为了使这些指令起作用，该攻击利用了一种称为 S@T 浏览器的特定软件，那是在 UICC 上的软件。一旦 UICC 收到 Simjacker 攻击消息，它就会使用 S@T 浏览器库作为 UICC 上的执行环境，该浏览器具有可以触发手机的逻辑。

小白 触发之后呢？

大东 对于观察到的主要攻击，在 UICC 上运行的 Simjacker 代码会向手机请求位置和特定设备信息（IMEI）。一旦检索到该信息，在 UICC 上运行的 Simjacker 代码就将其整理并通过另一个短信息服务将组合信息发送到接收者号码，并再次触发手机上的逻辑。

大东 说了半天是不是还是一脸懵？

小白 尴尬，被看出来了。刚刚提到了好多次的 S@T 浏览器是什么？感觉是个很重要的东西。

大东 S@T 浏览器是 SIMalliance 指定的应用程序，可以安装在各种 UICC 上，包括 eSIM。

小白 不是说 2009 年就停止更新了吗？

大东 没错，这个 S@T 浏览器软件并不为人所知，已经相当陈旧，其最初作用是启用诸如通过 SIM 卡获得账户余额等服务。在全球范围内，S@T 浏览器的功能已大部分被其他技术取代，自 2009 年以来从未更新，但是，与许多传统技术一样，它仍然在后台使用。

小白 居然还在用！

大东 此攻击也是独一无二的，因为 Simjacker 攻击消息在逻辑上可归类为可携带完整的恶意软件的载荷，特别是间谍软件。这是因为它包含 SIM 卡要执行的指令列表。而且软件本质上是一个指令列表，一个真实案例便是 Simjacker 强制浏览器打开包含恶意软件的网页。

小白　这么厉害？

大东　Simjacker 的新颖性和潜力并不止于此。它不单单可以获取定位，还可以通过修改攻击消息，指示 UICC 执行一系列其他攻击。这是因为攻击者可以访问完整的 STK（SIM Tool Kit，用户识别应用开发工具）命令集。

小白　都是一些什么样的 STK 命令？

大东　例如播放音乐、设置呼叫、发送简短消息、提供本地位置信息、运行命令、发送数据、获取服务信息等。

小白　那敏感信息不就都暴露了？

大东　在测试中使用这些命令可实现发送虚假信息、进行欺诈和间谍活动、传播恶意软件、发起拒绝服务攻击、进行信息检索。

小白　居然能做这么多坏事！

大东　那可不，从攻击者的角度来看，Simjacker 的另一个好处是它的许多攻击似乎独立于手机类型，因为漏洞依赖的是 UICC 上的软件，而不是设备，所以只要 SIM 卡装了那个浏览器，就会被利用。

NO.3 小白内心说

小白　我的安全意识还是有待提高呀，没想到一个小小的 SIM

卡居然存在这么大的安全问题。

大东 安全问题无处不在，提高安全意识总是好的。

小白 说得对，那是不是该教教我如何保障我的 SIM 卡安全呢？

大东 其实随着 SIM 卡实名制的实行，SIM 卡已不再是一张简单的电话卡。SIM 卡更多的是作为个人信息与通信的必要介质。手机作为通信工具，需要借助 SIM 卡来实现通话与上网等功能，但是由于 SIM 卡本身的安全缺陷以及来自运营商方面的漏洞等问题，近年来问题不断。

小白 SIM 卡都存在怎样的安全隐患呢？

大东 丢手机很容易泄露家庭地址。捡到他人手机后，即可轻易获取他人身份证号码与家庭住址。

小白 这要怎么防范呢？

大东 建议大家给手机设置 PIN（Personal Identification Number，个人身份识别码），这样可以从一定程度上降低手机丢失带来的个人信息进一步泄露的风险。

小白 好咧，我这就去设置一个。

思维拓展

1. 攻击者利用的是 SIM 卡的哪一种漏洞实施"绑架"？

2. 这个 SIM 卡漏洞造成的影响如何？

3. 我们能够采取哪些手段来保障 SIM 卡安全？

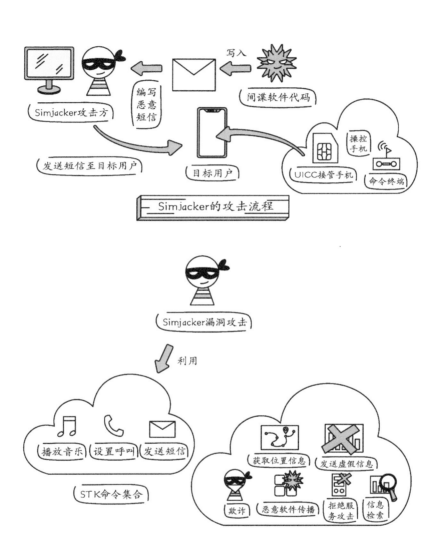

写入

间谍软件代码

编写恶意短信

Simjacker攻击方

发送短信至目标用户

目标用户

操控手机

UICC接管手机

命令终端

Simjacker的攻击流程

Simjacker漏洞攻击

利用

播放音乐   设置呼叫   发送短信

STK命令集合

获取位置信息   发送虚假信息

欺诈   恶意软件传播   拒绝服务攻击   信息检索

Simjacker的攻击手段

28

隔墙有耳——你身边的窃听风云

行谨则能坚其志，言谨则能崇其德。

NO.1 小白剧场

小白 大东，我今天接到了骚扰电话，电话里的那个人居然连我的名字都知道，这到底是怎么一回事啊？

大东 那估计是你的个人信息被窃取了！小白，在互联网时代，更要注意保护个人隐私数据哦！

小白 黑客都是通过网上入侵的方式窃取信息的吗？

大东 那可不一定！在我们的印象里，如果黑客要窃听或盗取一个人的信息，必须要能上网，通过网络入侵计算机。但实际上，高级黑客甚至不需要和你的计算机对战，就能隔空盗取你的信息了。

小白 啊？这怎么可能？

大东 这里我举一个很有名的例子吧。21世纪初，日本东京一家银行做了一项实验，银行职员在普通的台式计算机上输入文字，只要在30米开外放置天线，黑客的计算机上就同步输出了被窃听显示器上的内容。这种窃听手段对密码也有效，虽然输入的密码没有在屏幕上显示，但也被黑客的计算机读取了。

小白　这是怎么做到的呢？

大东　这叫作范·埃克窃听，实际上是一种在大约 35 年前就存在的黑客技术了。

NO.2 话说事件

小白　这个范·埃克窃听技术是什么呀？快给我讲讲呗！

大东　别急，且听我慢慢道来。1985 年，荷兰学者范·埃克在 *Computer & Security* 上发表论文，介绍了远距离接收计算机显示器上内容的原理——他只用了 15 美元的元器件和一台黑白电视机——首次公开揭示了计算机 CRT 显示器的电磁泄漏风险。因此，该技术被称为"范·埃克窃听"（Van Eck phreaking）。

小白　这技术还真的有些年头了呢！那它到底有多厉害呢？

大东　苏格兰场，小白你知道的吧？

小白　当然知道，就是英国伦敦警察厅的代称嘛，福尔摩斯的好朋友——雷斯垂德探长就来自苏格兰场。

大东　一点也没错，范·埃克在电视台的直播中，窃取了苏格兰场一台计算机的屏幕上的信息。

小白　天啊！连保密做得非常好的警察厅的计算机都难以逃脱被窥视的命运，这个范·埃克窃听好厉害！

大东　因此，他的实验引起了计算机安全界的一阵恐慌。虽然学术界从 1967 年开始就有对电磁辐射黑客技术的讨论，但大家以为这种程度的监听只有情报部门才能做到。

小白 那可不，在当时那个年代这种技术大家想都不敢想，别说它还真的被实现了。

NO.3 大话始末

小白 东哥，你能给我讲讲这项窃听技术的原理吗？

大东 没问题，它利用的其实就是电子设备躲不掉的物理规律：任何电子设备在工作时都会向外发出电磁波，而范·埃克窃听技术就是通过捕获电磁波来反推传送的信息的。

小白 原来是这样啊！

大东 没错，那么我再问你一个简单点的问题：你知道普通的窃听技术是如何实现的吗？

小白 范·埃克窃听技术我了解得不多，不过我对于普通的窃听技术还是有不少了解的。

大东 哦？那你说说看呀！

小白 大家都知道，人说话，发出声音会产生声波，而传统窃听器便是通过声波的反射以及折射原理收集并分析接收到的声波的，最远可以窃听到几千米外的声音呢！

大东 看来你了解得不错，那你结合我刚才分享给你的知识，来讲一下范·埃克窃听和传统窃听都有哪些区别。

小白 我知道我知道，最大的区别便是原理不同：范·埃克窃听是收集电磁波并加以分析，而传统的窃听设备则是分析声波。

大东 小白，我再给你介绍一些其他的窃听技术吧。

大东   2004 年，剑桥大学的计算机学家发现，原来平板显示器的串行通信数据线也可以泄露秘密，而这种监听设备的造价不到 2000 美元。银行 ATM 机用来传输银行卡密码等隐私的 RS-232 标准接口发出的无线射频信号也可以被不法分子截取。

小白   那它的技术原理是什么呢？

大东   它是利用数据接口无意中泄漏的无线电信号进行窃听的。所以这件事也告诉我们，现在无线电窃听技术其实已经十分泛滥了。

NO.4 小白内心说

小白   东哥，那我们怎么来防止被窃听呢？

大东   对普通人来说，范·埃克窃听可能只是一个技术知识点，但是对金融商业机构乃至政府来说，这是一个无形的可怕敌人，因为和普通黑客攻击不一样，要追踪范·埃克窃听很难。

小白   为什么呢？

大东   普通黑客通过联网突破计算机安全系统实行黑客活动，容易留下蛛丝马迹。而范·埃克窃听属于旁路攻击，不直接和计算机的安全系统对抗，而是绕路而行，类似于"无创攻击"。被攻击的计算机不会留下"伤口"，因此要追查罪犯也就变得更加困难了。

小白   那咱们就没办法去应对它了吗？

大东   美国国家安全局和北约组织制定了 TEMPEST（Transient Electromagnetic Pulse Emanation Surveillance

Technology）安全标准来防止被范·埃克窃听，要求对敏感设备进行电磁屏蔽。

小白　　TEM……啥？

大东　　哈哈哈，你不知道也正常。TEMPEST 计划通过引入标准和认证测试程序，减少敏感信息处理、传输和存储等相关设备的电磁泄漏发射风险。这样就不会轻易将含有信息的电磁波泄漏出去了。

小白　　我懂了，那这个计划具体要怎么执行呢？

大东　　美国政府机构和合作供应商采用了大量满足 TEMPEST 标准的计算机和外围设备（包括打印机、扫描仪、磁带机、鼠标等）对数据进行保护。

小白　　那还有什么其他的防范措施吗？

大东　　其实，范·埃克窃听的终极防范策略就是不使用任何电子设备。例如，为了防范范·埃克窃听，荷兰政府就曾在 2006 年的国家选举中禁止使用电子投票器。

小白　　哈哈，这可真的是从源头杜绝了被窃听的可能呀！

大东　　我们身处这个被大数据和网络包围的世界，一定要加强网络安全防护，提高自身的网络安全意识哦。

小白　　明白了，感谢东哥。

思维拓展

1. 范·埃克窃听技术是什么？请简单描述一下。

2. 你知道普通的窃听技术是如何实现的吗？

3. 日常生活中，我们应该如何防止被窃听？

电子设备　捕获电磁波　范·埃克窃听技术　电磁波解析

范·埃克窃听技术原理

捕获声波　捕获电磁波

传统窃听

电子设备　范·埃克窃听技术

传统窃听VS范·埃克窃听

第 5 篇

隐逸江湖

　　山外有山，天外有天，世外有桃源，只是，武陵人难见。我们只知道或许存在平行宇宙，但不知道的是，平行宇宙的构成恰是你身边的某某某。网络安全的世界也存在着这样一个暗夜江湖，那就是暗网和黑产。在这个见不得光的世界，也隐藏着一些游走在道德和法律边缘，乃至触犯法律以牟取暴利的个人或组织。在本篇，你将见到拖库、撞库、洗库等黑产中窃取隐私数据的卑劣行径，也会看到黑客大会、黑客世界这样的"平行宇宙"。

29

从某站被入侵了解黑产运行

拖库、撞库、洗库

密码使用需谨慎，千篇一律易被攻。

NO.1 小白剧场

小白 大东东，我早上兴高采烈地起来打开 AcFun（以下简称 "A 站"），看到 A 站发布的它数据外泄的公告。真是令我非常失望。

大东 2018 年 6 月 13 日凌晨，A 站发布公告，称网站遭遇黑客攻击，近千万条用户数据外泄。A 站已报警处理。

小白 是啊，怎么会发生这种事儿呢？

大东 上一次被大家关注的大规模的拖库事件应该是 2011 年某网站的账号密码明文泄露。

小白 拖库是啥呀？

大东 就是把裤子脱掉。

小白 东哥，你可别骗我。

大东 哈哈，开个玩笑，拖库本来是数据库领域的专用语，指从数据库中导出数据；而现在它被用来指网站遭到入侵后，黑客窃取数据库的行为。

小白 哦，这个意思啊。那如果数据库被窃取了，所有用户的账号数据岂不是都被泄露了吗？好没安全感啊。

大东　你也不用太过担心，因为 A 站表示，虽然泄露的数据包括用户 ID、昵称以及密码，但所有的密码都是经过加密的。

小白　那还好点，虽然密码被泄露了，但是密文密码还是比较让人放心的，至少比明文密码安全。

大东　小白，你可真是太单纯了。

小白　何出此言？

大东　黑客都花费那么大的代价把数据拖出来了，难道最后一步破解加密密码还能难倒他们吗？

小白　也对哈！

大东　所以 A 站呼吁大家，如果在其他网站使用了与 A 站相同的密码，应该及时修改。

小白　头都大了，我还是快改密码吧。

大东　我知道这个事以后，就第一时间把密码给更改了。

小白　看来学习网络安全知识还是很有用处的。

大东　那当然，其实网络安全就在我们的生活中。

小白　不过话说回来，仔细想想我的账号里也没啥财产，不法分子估计还要嫌弃我。现在打开朋友圈、公众号，消息满天飞，说暗网论坛中已经有人公开出售 A 站的用户数据了。但是这些用户数据能用来做什么呢？

大东　密码泄露的风险很大，你应该特别注意这方面，特别是现在互联网要求实名注册。除了你在这个网站的所有信息一览无余，黑客通过你的账号信息还能推断出你的兴趣、爱好等隐私信息。

小白 怪不得呢，之前总是有骗子给我打电话推销，他不仅知道我的电话、名字和身份证号，他还能说出我的爱好等信息，这简直太恐怖了！

大东 这仅仅是信息泄露的一点危害，黑客获取到大量信息以后，他们有好多种方式来攻击和欺骗用户。

小白 东哥，能再举一些例子吗？我好提前防御。

大东 其实现在最常用、影响最大的是攻击者会把你的信息纳入社工库，通过撞库来获取你在其他网站的密码或信息，进而实施钓鱼等一系列攻击，最终让你遭遇财产或者其他损失……

小白 社工库？撞库？这些都是什么东西呀？

大东 我来给你补补课，省得你出去给我丢人……

小白 好的，静等东哥开课。

NO.2 话说始末

◇一个密码走天下，易被撞库

大东 我们先来看一下相关的名词，拖库刚刚介绍过了，接下来介绍撞库、洗库和社工库。

小白 啥是撞库呀？难道是拿着裤子撞裤子吗？

大东 小白，你还真是"小白"呀，库你可以把它理解为数据库，而撞库就是大量地使用一个网站的账号密码，去另一个网站尝试登录。

小白　我的天，这也太恐怖了吧！毕竟很多人在不同网站都使用相同的密码。

大东　没错，这样黑客很可能通过一个数据库获取到你其他网站的密码，小白，你是这种在不同网站使用同一密码的用户吗？

小白　东哥，稍等，我先把重要网站密码改一下。（3分钟后。）可终于改完了，好累啊。

大东　这么快就改完了？你别用那么简单好破解的密码呀！

小白　什么叫简单好破解的密码？我的密码位数可长了。

大东　光长没有用呀，你是不是用的名字拼写加生日或者电话号码和身份证号的结合？

小白　东哥，你是我肚子里的蛔虫吗？你咋知道的？你不会监控我了吧？

大东　一看你就没好好培养安全意识，这个只要是从事安全工作的人都知道，因为好多黑客会利用人们的这种心理，将窃取的信息转换成用户可能想出的密码，然后去一遍遍尝试登录用户账号。

小白　这难道就是老师上课讲的弱口令吗？

大东　没错，小白，看来你还是有基础的。

小白　哈哈，感觉东哥这种讲课方式学到的东西更多，之前听别人讲课只是知道弱口令这个术语，但是不清楚这到底是什么。

大东　所以学到的知识一定要跟实践相结合，这样才会加深对知识的理解，而且通过实践你会有很大的成就感。

小白　嗯嗯，主要是之前没遇到过东哥这么好的老师，真不知道该怎么感谢您了。

大东 哈哈，学生对我的肯定就是对我最大的感谢，我们接着来讲课吧，接下来会有更多有意思的东西。

小白 那洗库和社工库又是什么意思？

大东 洗库是黑客入侵网站取得大量的用户数据之后，通过一系列的技术手段和黑色产业链将有价值的用户数据变现的过程。

小白 也就是之前新闻报道的把窃取的数据卖给需要的人呗。

大东 没错，小白，你说得很对，再接再厉！

小白 那社工库又是什么意思呢？

大东 社工库就比较厉害了，它是黑客将获取的各种数据库关联起来，对用户进行全方位画像的技术。

小白 原来是这样啊！简直太恐怖了，这样全方位画像以后用户的隐私简直是一目了然呀。

大东 没错，所以现在隐私泄露是一件非常可怕的事情，小白，你一定要打起十二分的精神。

小白 好的，东哥，这些方式如果串联起来是不是一件非常恐怖的事情呀？感觉自己真是个小天才。

大东 哈哈，小白你说得很对，不过你可不是第一个这么想的，现在已经有人将这些方式联合起来并形成一个黑色产业链！

小白 哼，居然提前用了我的方法，这个黑色产业链是怎么运行的呢？

大东 在早些年，盗取他人账号主要靠木马，密码字典则靠软件生成，而随着近几年频繁出现网站数据库泄露事件，撞库攻击逐渐成为主流的盗号方式。撞库攻击也成为账号类攻击的重要一环。

小白　入侵者寻找目标系统，对目标系统的网站进行拖库吗？

大东　没错，黑客入侵 A 网站后对网站进行拖库，拿到的数据可以存到自己的社工库里，也可以直接洗库变现。用拿到的这部分数据去 B 网站尝试登录，而这就可以称为撞库。撞库后的数据可以继续存入社工库，或是洗库变现，以此循环……

小白　那暴力破解和撞库有什么区别呢？

大东　暴力破解与撞库的差别就是，撞库的密码库是已经准备好的，而暴力破解的密码是实时生成的。

小白　原来是这样。大数据时代衍生出的产业真的是令人"刮目相看"，感觉自己在"裸奔"呢。

大东　这就是 A 站强烈建议账号安全存在隐患的用户及时修改密码的原因，不然你的密码就被拿去撞库了。

◇ 从哪儿来？到哪儿去？

小白　一个密码走天下的时代结束了。

大东　实际上，中国有很多网站都曾出现过用户数据泄露的情况，大部分网站官方都对此视而不见，这种情况下，用户被窃取数据后，不会立刻受到损失，因此短时间内用户根本感觉不到。可能过很长一段时间后，你突然发现自己注册的很多网站同时被侵入了，可是你根本不知道原因是什么。

小白　是啊！我手机上总是收到一些莫名其妙的短信。骗子们知道你叫什么，住在哪里，买了什么东西，花了多少钱。这些信息估计就是骗子们通过撞库得来的。

大东 很有可能。

小白 通常用来撞库的数据非常庞大，那这些数据是怎么来的呢？

大东 以 A 站这次发生的事件来说，数据就是黑客通过攻击网站得到的。其他的数据来源包括在黑市上购买和同行之间的交换。

NO.3 小白内心说

小白 这些黑客这么猖狂，那该怎么保护自己的账号信息呢？

大东 面对撞库攻击，不同的主体需要采用不同的方法。对企业来说，设置图片验证码和现在非常常见的动态短信验证码是常采用的方法。对异常登录进行监控等是很常见的避免撞库攻击的方法。

小白 很厉害呀！

大东 现在很多企业也研制出了许多数据库安全防护技术，包括数据库漏扫、数据库加密、数据库防火墙、数据脱敏、数据库安全审计系统等，每天都在线上实时地为保护客户数据做出努力。

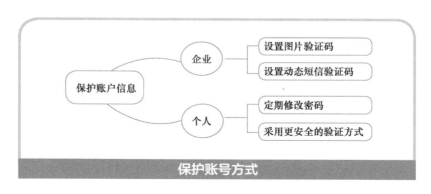

保护账号方式

小白　那对个人用户来说呢？

大东　对于个人用户，建议在不同网站设置不同的密码，而且要保持定期修改的习惯。

小白　这建议虽然没错，但是不同的网站设置不同的密码，我记不住啊！

大东　那我给你推荐几个可行的方式：收到威胁提示时，尽快修改密码；和财产相关的账号一定要用单独的密码，避免和其他账号密码重叠；使用更安全的认证方式，如果觉得密码太复杂记不住，可以采用扫描二维码登录、刷脸登录、指纹识别登录等方式。

小白　不说了，赶紧去修改密码了，大家也尽快吧！

思维拓展

1. 请简述拖库、撞库、洗库的含义，并且举例说明自己对此的理解。

2. 请简述如何避免拖库、撞库、洗库。

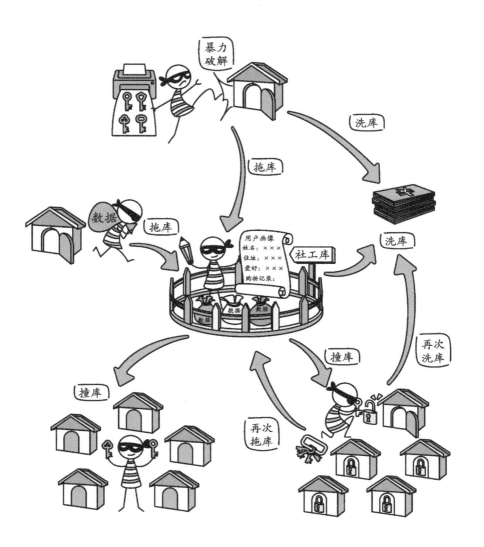

多少钱你愿意"卖号"？

黑色产业链

网络是一把双刃剑。

NO.1 小白剧场

小白　东哥，我要罢工了，我准备去企鹅平台写文章赚钱去。据说在上面每天只要发几篇"八卦"文章就能有好几万元的收入呢！

大东　想啥呢！天下哪有那么好的事？

小白　你可别不信呀！2017 年，企鹅公司可是宣称拿出 100 亿元来补贴企鹅号上的优秀作者。我觉得以我的文笔和我对"八卦"的热衷，我一定可以挣到很多钱的！

大东　你的这个"伟大"理想，在我看来，怕是要加入一个"做号集团"成为流水线的操作工吧。

小白　流水线的操作工？什么意思呀？（目瞪口呆。）

大东　你先跟我讲讲你听说的这方面的事吧。

NO.2 话说事件

小白　我关注了一个公众号，他会在企鹅号上同步更新自己的内容，但很少登录，他在企鹅号上发了很多文章，但是没有什么收益。最近他说他登录了一次企鹅号，发现他的个人信息都被更改了，而且疑似被盗号的几个月以来，企鹅号里每天都会更新几篇文章。

大东 文章的内容都是你喜欢的明星的"八卦"吧，而且标题比内容更吸引人，老是忍不住想点进去看看对不对？

小白 是的呀！而且他说这段时间以来，这个名字被更改的企鹅号还有几万块的收益！看来账号也是钱呐，最近某明星的粉丝为了在某弹幕网站刷评论，大量求购账号的事情闹得沸沸扬扬。

大东 其实，这背后隐藏的就是黑色产业链中重要的一环——做号黑产。

小白 做号黑产是什么意思？

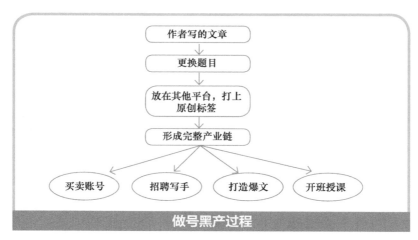

大东 就是很多媒体人写出来的东西被更换题目，并被放在其他的平台上，甚至被打上原创的标签，以此来赚取红利。这个产业中

往往有成型的团队，可以灵敏地感知各大平台扶持原创的红利政策，从中抓住商机，形成了买卖账号、招聘写手、打造爆文、开班授课的完整产业链。

NO.3 大话始末

小白　东哥，那这些账号是如何被这群人获取的？

大东　这种已经被用过一段时间的账号，我们可以称为老号。老号是有一定注册时间、自身带有权重的号码，有的还带有一定的粉丝与作品。这类号码不易被封号，在市场上很受欢迎。

小白　盗号？盗号的方式主要是什么？

大东　盗号的主要方式是钓鱼，如发布二次打包的软件将某些软件打包并加入自己需要的功能，当用户使用这些动过手脚的软件时，黑客就会收到他们的账户名、密码。另一种方法其实我们在之前就有介绍过，即黑客通过技术手段，例如拖库、撞库，非法获取大量账号名，加上弱密码破解工具，去逐一验证，而且这种账号一般是真实用户。

小白　非法获取的号码只有老号吗？

大东　除了老号，这群人也会注册些新号。

小白　可是现在注册新号都是需要实名制的呀。

大东　做号团队可以从卡商处获得手机号，并非法购买身份证、银行卡等信息，然后通过接码平台利用猫池、群控等工具接收短信或语音验证码，并采用虚拟机、模拟器等软件模拟真实的网络及设备环境进行账号注册。你去看下事件发生后企鹅平台发布的公告，就能明白我说的意思啦。

小白 东哥，我找到了。在 2019 年 3 月 12 日，企鹅平台就发布了《关于严打盗号和安全机制全面升级的公告》（简称《公告》）。《公告》称，经平台调查，此次事件的原因是 2018 年 12 月底外部某知名网站账号密码数据库泄露。有不法分子近期利用该数据库泄露信息，恶意对企鹅平台账号进行攻击和破解，导致部分企鹅号作者无法正常登录、账号及相关收益出现异常。

大东 那企鹅平台具体的应对措施是什么呢？

小白 企鹅平台表示将采取严厉打击盗号行为、增强登录安全、排查历史数据等措施解决账号异常问题。

◇黑产江湖

大东 小白，你有没有想过，如果有人愿意出钱，你愿意多少钱把自己的日常聊天账号卖掉？

小白 这……东哥，你这么一问，我还真不知道怎么去估算账号的价值，以前没有觉得自己的账号会有什么价值，但细细想来，账号里有我的亲友、同学和同事的联系方式以及私密信息，里面有我的生活信息甚至我的银行卡信息，这个可绝对不能卖！

大东 没让你卖啊，看给你吓的。其实如果把在黑市里被买卖的各种账号看成"肉鸡"，盗号就像是把普通人家后院养的鸡偷走，那么产号和养号就是开设了一个个大型的生鸡养殖场。而恶意注册和群控，就是养殖场里面的两个养鸡设备。现在的账号黑产，从上游养号、产号，到下游的各种牟利行为都包含在内，还是很可怕的。

小白　东哥，在之前某站被入侵造成大量用户数据泄露事件发生的时候，您说过了为了避免被撞库，我们不要在多个网站使用同一个密码。除此之外，还有哪些有效的措施可以避免用户的隐私被黑产利用呢？

大东　作为用户，我们能做的就是提高对个人隐私信息的保护意识，例如谨慎使用抢红包外挂这类插件。

小白　那企业应该做些什么呢？

大东　现在很多应用软件、网站都采用了手机号实名制。但黑产可以通过冒名或其他手段获得大量手机卡号，用来注册小号；面对强大的黑产团队，企业和平台不能仅仅局限于实名制手段，移动互联网企业可以通过大数据技术的方式分析用户行为，进行用户画像，通过建立用户黑名单的方式，对高危标记账号做行径追踪，及时制止恶意行为。

小白　这种方式也是有一定概率会出现错误的。

大东　没错，小号也会被正常用户使用在打车、订餐等场景中，所以此类企业的风控措施对小号的识别和风控规则存在矛盾，导致通过风控平台和一些类似手机号黑名单的防范黑灰产技术，无法对此类小号进行有效识别。

小白　所以说，在移动互联网时代，作为识别用户的账号信息不再唯一可靠。

大东　不过呀，相关的企业和组织也都在想办法啦，他们会增加"设备"的维度，从移动设备角度入手，用设备可信 ID 的唯一性作为判断账号是否真实唯一的重要指标，从而识别和限制小号复用行为。因为设备的成本相比账号而言更高昂，所以从设备角度限制，将极大提升黑产的作弊成本。

小白 小号泛滥、恶意注册等行为滋生于互联网行业，与多种违法犯罪的黑灰产密切相关，打击治理还需多方联动呀。

大东 作为移动互联网企业，一方面要加强用户数据的保护和管理，另一方面也需要随着市场需求的不断变化动态提升企业的风控等级。严厉打击盗号行为、增强登录安全、排查历史数据等措施都是解决账号异常问题很好的办法呢。

小白 我懂了！听东哥说了这么多，我还是放弃我的白日发财梦吧！

◇ 自媒体行业

大东 别伤心，午饭给你加个鸡腿！小白，以你的文笔，不如去做自媒体。你了解自媒体行业吗？

小白 哦？这是什么呀？

大东 自媒体是指普通大众通过网络等途径向外发布他们本身的事实和新闻的传播方式。"自媒体"的英文为 We Media，是普通大众经由数字科技与全球知识体系相连之后，一种提供与分享他们本身的事实和新闻的途径。自媒体是私人化、平民化、普泛化、自主化的传播者，是以现代化、电子化的手段向不特定的大多数人或者特定的单个人传递规范性及非规范性信息的新媒体的总称。

小白 我国有自媒体吗？

大东 当然有啦，随着互联网的不断普及，中国互联网和移动互联网的发展逐步成熟，甚至开始出现了无限流量，用网门槛不断降低的同时，互联网产品也愈发充盈着我们的生活。与此同时，移动端用户不断增加，甚至是 PC 端用户的两倍之多，人们对于简单、快捷、趣味性信息的需求也随之增加，从碎片化阅读到观看短视频，中国的自媒体也飞速发展起来。

小白　自媒体的内容是什么呀？

大东　自媒体的内容其实是不固定的，没有统一的标准，也没有相应的规范。自媒体内容是由自媒体人自行决定的。而目前的自媒体的特点是平民化，由于移动智能手机终端的普及，自媒体的入门门槛越来越低。自媒体内容的主要表现形式有文字、图片、音频、视频等，这使得自媒体内容的呈现形式丰富多样。运营自媒体的核心和关键在于优质的内容，只有品质优良的内容才会受到人群的追捧、关注及转载，而流量变现也就变得更加容易。

小白　前面说的做号黑产中盗用的文章不会就是自媒体人写的吧？

大东　没错，这些事件引起了自媒体行业的集体吐槽，作为一个普通自媒体人，辛苦"码字"却远不及别人的复制粘贴，真的会让人很难受啊。

NO.4 小白内心说

小白　眼下几大自媒体平台都有扶持、奖励作者的机制，如果这笔奖金被做号黑产的团队拿走，那么对于很多勤勤恳恳写文章的作者确实是十分不公平的。

大东 当下，自媒体平台和作者是相互依赖的关系，一个没有优质内容的平台注定走不长远。同样，自媒体作者也需要依赖平台赚钱生活，但做号黑产的团队破坏了自媒体行业的公平秩序，应该引起平台的重视了。

小白 自媒体行业发展到今天，已经拥有大量的从业者，但行业还是欠缺监管。做号黑产的团队就是行业内部的毒瘤，通过盗取账号、买卖账号等各种暗箱操作来获利，让自媒体平台失去公信力，必须严打这种行为。

大东 小白，不如赶快行动起来，发表你的原创作品吧。

小白 支持原创与维护公平正义是很重要的。

思维拓展

1. 在生活中，你都遇到过哪些形式的做号黑产？

2. 面对强大的黑产团队，个人能够做些什么？企业应该做些什么？

31

世界"最顶级"的黑客会议

犯我网络者，虽远必诛。

NO.1 小白剧场

小白 东哥，我感觉现在大家的网安意识越来越强，网络安全这个话题也越来越火了呢！

大东 小白，何出此言？是发生什么事情了吗？

小白 就是咱们业内那个相当盛大的黑客大会，之前我都没有看到相关的新闻报道，但是现在打开新闻也能看到相关的消息，偶尔也能听到有人谈论这件事。这说明关注网络安全的人越来越多了，网络安全事件也越来越热了。听说这个黑客大会马上就要开始了。

大东 没错，随着各类安全事件的发生，大家也渐渐地把目光转向了安全方面。你说的是那个在拉斯维加斯举行的每年一届的"世界黑客大会"吧！

小白 嘿嘿，原来是在拉斯维加斯举办的啊，我还没有深入了解这个"世界黑客大会"。东哥，多给我讲讲呗！

大东 "世界黑客大会"是全球最顶级的网络安全黑客大会，由绰号为"黑暗切线（Dark Tangent）"的黑客杰夫·莫斯（Jeff Moss）创办。

> **小白** 哇，我刚刚去搜了一下，这个黑客不仅厉害，人也是长得很帅的呢！美剧《疑犯追踪》中的天才软件工程师哈罗德·芬奇（Harold Finch）的童年经历就是取材于他。

> **大东** 他本人的经历也十分传奇，除了黑客及两场全球黑客盛会［还有黑帽（Balck Hat）大会］的创办者身份，他还担任美国国土安全资讯委员会顾问、互联网名称与数字地址分配机构（The Internet Corporation for Assigned Names and Numbers，ICANN）首席安全官。

> **小白** 太厉害了！这个人以后就是我的偶像之一了。

> **大东** 杰夫·莫斯还有很多客户，包括政府机构，例如美国国防部、中央情报局；还有银行，如万国宝通银行，据说世界百强公司都是他的客户。他可以说是"人形钞票印刷机"了。

> **小白** 哇，偶像，那我偶像创办的这个"世界黑客大会"是哪一年开始举办的呢？

> **大东** "世界黑客大会"也是世界上最知名的"黑客大会"（DEF CON）。DEF CON 每年在美国内华达州的拉斯维加斯举行，第一届 DEF CON 在 1993 年举办，够古老了吧，小白！

> **小白** 原来是业内宗师级别的大会啊，太厉害了！东哥，大会上肯定"大咖"云集吧？都会发布一些什么内容呢？

> **大东** 当然是牛人云集，关于黑客大会的具体细节听我慢慢给你道来。

NO.2 大话始末

◇大会来龙去脉

小白 东哥，当初创办"世界黑客大会"的起因是什么呢？

大东 "世界黑客大会"就是计算机黑客们的盛会，就像一次黑客大阅兵。并且大会上会进行黑客竞赛，最终赢得比赛的顶尖黑客会得到丰厚的奖金。

小白 原来是业内的技术比拼盛会啊！就像阅兵一样能够让我们更加了解当下黑客技术的发展。那大会有什么参会条件吗，我可以去吗？（激动地搓手。）

大东 这次大会的入场费为 150 美元，不注册、不记名，只收现金，不能刷信用卡。

小白 采取不注册、不记名、不刷信用卡的方式是不是考虑到有的黑客会担心自己的隐私泄露啊？ 150 美元对我来讲还是有点贵的哦，不过能看到这么多的技术专家，汲取到黑客前沿技术（最重要的是能看到我的偶像）也值得了！我决定了，参加"世界黑客大会"就是我的计划之一了。那东哥，大会上进行的活动具体有哪些呢？

大东 之所以称为"黑客大会"，是因为其主题就是有关黑客攻击的，总结下来就是主要讲黑客攻击的 3 个方面：一是黑客攻击的智能性，二是黑客攻击的隐蔽性，三是黑客攻击的社会影响性。

小白 什么是攻击智能性呢？难道也与人工智能相关？

大东 并不是，这里的攻击智能性指的就是黑客们"作案"前所进行的周密策划，能够与政府反黑客力量斗智周旋。

小白　哦，就是不要"傻大楞"，一下子就冲上去攻击，结果什么都还没有干呢，就被抓到了。那什么是攻击隐蔽性呢？

大东　顾名思义，隐蔽性就是指黑客攻击是在由程序和数据构成的虚拟空间进行的，不受时间、地点限制，追踪和监控更加困难。

小白　那社会影响性呢？

大东　很多起黑客攻击事件证明，网络安全犯罪正在逐年增多，造成的损失也愈来愈大。

小白　原来是这样！大会的主要目的就是总结今年的黑客攻击形式，积累防御经验啊！

大东　没错！小白总结得很到位！

小白　那东哥，"DEF CON"这个名字的来历是什么呢？

大东　"DEF CON"源自军事上的"战备状态"的英文：Defense Condition。此外，很多 DEF CON 小组的早期成员都是盗打电话的破解者，他们喜欢的"DEF"也是电话键盘数字"3"上面印着的字母。

小白　哈哈，原来还有这么一段小插曲。

大东　"世界黑客大会"上聚集了许多技术高超的网络安全研究员与黑客，他们志在攻破任何可攻破的软件和硬件！

小白　真是"技术控"的天堂啊！

大东　"世界黑客大会"吸引了许多优秀的演讲者，并展示了黑客相关的各种技术，例如破解无线网络、入侵无人机等。

小白　那有适合我们这些"小白"学习的技术吗？

大东 当然，大会上还会组织网络安全知识的普及活动。

小白 哇！还真是贴心呢！

大东 虽然大会在业内享有盛誉，但也曾经引发过一些争议。

小白 真的吗？是怎么一回事呢，东哥？

大东 2007 年，在安全卡片制造商 HID 的诉讼威胁下，克里斯·佩吉特（Chris Paget）被迫取消了他的"黑帽 RFID 入门讲座"。

小白 还真是惊险啊！

大东 黑帽大会在 1997 年作为一个单独的会议发起，如今成为欧美及亚洲地区的国际年度盛会。DEF CON 也曾在拉斯维加斯的多个地方举办。

◇**大会精彩瞬间**

小白 了解了大会的前世今生，东哥再给我讲讲大会上的一些精彩瞬间吧！

大东 没问题，大会上的精彩之处非常多！接下来我就给你讲一讲在我心中排名前五的大会精彩演讲！

小白 快说快说！（激动地搓手手。）

大东 第一个故事：安全研究人员 查利·米勒和克里斯·瓦拉塞克在 2015 年黑帽大会上汇报了他们的研究结果，并展示了他们是如何远程入侵一辆吉普车并控制车辆的（包括变速器、加速器和制动装置）。

小白 什么，控制汽车？那岂不是能够组成个"僵尸车队"进行恶意袭击了？

大东　哈哈，你"脑洞"还真是大！没错，这个技术要是被攻击者掌握，那真的是会造成不可估量的损失！

小白　没错，太可怕了！那东哥，第二个故事呢？

大东　第二个故事：杰森 E. 斯特里特（Jayson E.Street）在 DEF CON 19 上发表了有关社会工程的演讲，并讲述了他如何能够做到"如果他想，就可以走进任何地方，偷走一切，杀死所有人"。

小白　"杀死所有人"？我怎么听不太懂呢？是怎么做到的？

大东　斯特里特列出了他通过谈话进入的安全地点，以及他本可以做什么，并强调了深入防御社会工程攻击的必要性。

小白　东哥，举个例子呗！

大东　例如，有个穿着看门人制服的人随便进来拔掉你的电源，你能察觉到危险并有所警惕吗？

小白　肯定察觉不到啊，好可怕！东哥，继续讲继续讲！

大东　第三个故事：安全研究员 Zoz 在 DEF CON 21 上的演讲"入侵无人驾驶汽车"介绍了如何实现对无人车的入侵。

小白　入侵无人车？是怎么讲的呢？东哥，快说快说！

大东　通过这次演讲，Zoz 旨在启发无人驾驶车辆爱好者，在设计时要思考到敌对和恶意的场景。然而从他 2013 年发表演讲以来，这个产业并没有发生太大的变化。

小白　看来，只要无人车的安全性问题没有彻底解决，无人驾驶产业就不能很快发展！

大东　没错。现在无论什么产业，安全性都太重要了！

小白　下一个故事，东哥！

大东　第四个故事：巴纳比·杰克在 2010 年让 ATM 把现金吐得满地都是，揭示了金融安全的重要弱点；就在他去世几周前，他还在拉斯维加斯发表了一场轰动一时的关于医疗设备安全的演讲。

小白　好厉害的一个"技术控"！他演讲的目的是什么呢？

大东　流淌着安全研究优秀血液的杰克，试图刺激制造商改善他们设备的安全状况，而这位新西兰人死于服药过量，当时他住在旧金山。

小白　真是可惜啊，天妒英才。东哥，最后一个故事！

大东　第五个故事：某黑客团体在 1999 年 DEF CON 上发表的一场经典的有关 Back Orifice 的演讲。

小白　Back Orifice 是什么东西？

大东　它是一个恶意软件的概念证明，被设计来为企业版 Windows 2000 制造漏洞。这个团队的目的是迫使微软承认其操作系统中普遍存在不安全因素。

小白　原来是互联网大厂商的安全问题啊！

大东　类似 Back Orifice 的挑衅行为，可以直接追溯到 2002 年，当时有一份著名的比尔·盖茨向其员工发布的关于可信赖计算的备忘录。此后微软首席执行官立刻将安全性列为企业的首要目标！

小白　看来大厂商在技术的安全层面也会有疏忽啊！

NO.3 小白内心说

大东　如今"世界黑客大会"已经走过了 20 多个年头。

小白　这几年大会的特点有什么转变吗？

大东　从历届大会特点来看，大会越来越低龄化、智能化、隐蔽化、功利化。

小白　发展得越来越完善了呢！那东哥，日常生活中，我们该如何维护网络安全，不破坏网络秩序呢？

大东　切记网络交往要遵守道德和法律，不可在网络上随意发表自己的意见和传播信息。

小白　好的，东哥，我记住了！经东哥这么一普及，我对"世界黑客大会"有了更多兴趣！这届的大会我一定要密切关注！

大东　哈哈，小白还挺好学的嘛！如果你还想了解更多有关大会的内容，推荐你到官网查询哦！

小白　好的，谢谢东哥！

思维拓展

1. 世界顶级黑客大会涉及的主要活动都包括哪些？

2. 常见的黑客技术以及黑客防御技术有哪些种类及特点？

3. 白帽大会与黑帽大会有什么区别？两者在活动设计方面有什么自己的特色？

32

"黑客世界"探秘

黑客是孤独的，因为掌握了通往任意门的秘诀。

NO.1 小白剧场

小白 东哥，我最近发现一部特别好看的电影，沉迷其中，无法自拔呀。

大东 看看电影，放松心情，小日子过得不错嘛。

小白 嘿嘿，那当然，这电影可不是一般的电影呢。该电影讲的是一个 11 岁的天才黑客，股市都因为他的小小恶作剧差点崩盘呢。

大东 哟，这么有意思。

小白 更有趣的是，另一位主人公普拉格曾经是一名技术高超的超级黑客，后来他成为一家大公司的系统安全专家。他还发明了一种能令全球网络陷入瘫痪的可怕病毒。

大东 如果全球网络真的陷入瘫痪，那后果简直不堪设想呀。

小白 是呀，电影里诠释的黑客，能力十分强大。虽然这部电影是一部老片子，但是在当时，拍这部影片的导演绝对意识超前。

大东 一说到这个，我突然想起来之前玩过的一款游戏，跟这个电影的情节差不多。

小白 东哥，你居然也玩游戏？难以置信呀！

大东 我怎么就不能玩游戏了，有的时候做项目做到头疼，玩几局游戏放松一下还是很舒服的。

小白 那这个游戏的任务主线是什么？我看看我玩过没，想当年我还是我们街道的"游戏一哥"呢。

大东 在游戏中，玩家扮演一个黑客，用自己的高科技手段去对抗城市中的黑恶势力和腐败力量。

小白 这种黑客题材的游戏很少见呀，没玩过，果然东哥玩的游戏都是那种上档次的。

大东 小白，以后你改名叫小甜吧，你这张嘴跟抹了蜜一样，说话可真好听。

小白 哈哈，东哥，能详细介绍这个游戏中黑客具有的能力吗？有空我也想玩玩。

大东 我可以跟你讲，但是你要保证不能花费太多的时间在游戏上。

小白 那是肯定的，我只是想要看一下，顺便提升一下我对网络安全方面的兴趣。

大东 这个游戏中玩家拥有的能力跟刚才那部电影中说的差不多，玩家作为一个黑客，能力可谓十分强大，在大街上就可以随意窃取周围行人的通话内容以及银行账户。所有摄像头都可以被玩家调用，被追击后玩家有无数种方法逃脱，红绿灯、下水道井盖、路障和升降大桥等都可以被玩家控制用来摆脱追击的敌人。

小白 突然地，我的兴趣就来了。

大东　电影中的人物以及游戏中的玩家跟魔法师一样，可以做很多平常人眼中不可思议的事情。

小白　不过，东哥，真正的黑客一定是计算机界的高手吧。

大东　确实，我们一般所说的黑客是指擅长 IT 技术的计算机高手，他们精通各种编程语言和各类操作系统。他们熟悉操作的设计和维护，精于找出使用者的密码，可以通过一些技术手段进入他人计算机的操作系统内。

小白　真的太厉害啦。不过，我还有一个小小的疑问。

大东　什么疑问？

小白　随着 5G 网络和物联网的发展，黑客攻击的情景在我们的生活中是不是会屡见不鲜呢？

大东　有可能，而且有一些已经发生了。

NO.2 大话始末

小白　已经发生了？

大东　没错，例如刚才那个游戏中有个情节是，城市被一个中央控制系统所掌控，所有人的信息都能在这个系统当中查询到，玩家需要入侵这个系统来获取他想要的信息。

小白　那这个在现实生活中有什么对应的例子吗？

大东　在现实生活中，我们可以把游戏中的中央控制系统类比成我们每一个公司都有的内网系统。员工信息、部门信息、公司内部资料等都可以在内网系统中访问获得。而渗透进入内网系统，是很多公司都遭遇过的安全问题。

小白 东哥，能不能讲解一下它的攻击过程呀？

大东 一般来说整个攻击的思路如下：前期踩点，获得目标系统的域名或 IP 信息，或者获得内部人员的邮箱地址；对目标域名和 IP 进行扫描，向内部人员发送恶意钓鱼邮件；扫描得到端口后就可以开始攻击网络服务，以此来获取访问权限；接下来要做的就是提升自己的权限，最终获得控制权限；然后就可以"为所欲为"了，安装后门和跳板，必要时还会进行清除和伪造痕迹等操作。

小白 突然想去实验一下。

大东 在现实生活中真正的渗透过程会更加烦琐，许多操作需要考虑系统的真实情况来进行。而且现在渗透测试早已成为网络安全保护的一种重要方式。如果你真的想尝试的话，可以在计算机上搭建一个虚拟环境，恶意攻击别人的内网系统是要负法律责任的。

小白 嘿嘿，开个玩笑，我是个守法的好公民，怎么会做违法的事呢。东哥还有其他的对照示例吗？

大东 有啊，例如游戏中的玩家可以让 ATM 吐钱！

小白 这个也可以？这也太恐怖了吧，东哥，能详细地说一下吗？

大东 有一位新西兰的黑客叫作巴纳比·杰克，在 2010 年计算机安全业界知名的"黑帽"大会上，他演示了入侵 ATM 并当场让 ATM 吐出钱来。

小白 他是怎样让 ATM 吐出钱来的？

大东 当时他使用了两种方法让 ATM 吐钱。第一种方法是做出一台任何人都可以解锁的 ATM，然后插入精心制造的 U 盘，然后就可以控制网络并命令 ATM 吐钱；第二种方法是查询信用卡使用者的历史记录以及 PIN，然后将查询到的数据发给黑客。

> **小白**　好高超的技术呀！一夜暴富，不是问题。

> **大东**　虽然巴纳比·杰克让 ATM 吐出了钱，但杰克绝对是个戴着白帽子的好黑客。

> **小白**　白帽子？那是什么？

> **大东**　其实呀，在黑客世界中，有 3 顶帽子的说法：白的、灰的和黑的。白帽黑客会利用自己的黑客技术来维护网络关系公平正义，而且他们还会测试网络和系统的性能来判定它们能够承受入侵的强弱程度。杰克一直致力于发现公司产品的安全漏洞，以帮助公司改进产品的安全性。

> **小白**　东哥，你知道黑客技术谋杀吗？

> **大东**　当然了，刚才提到的游戏中的玩家也具有这种能力。小白你是在哪里知道这个的？

> **小白**　今天在网上看到一篇关于这方面的文章，看得我毛骨悚然。

> **大东**　那这篇文章主要讲的是什么？

> **小白**　一位天才黑客研究了如何入侵心脏除颤器和心脏起搏器。他致力于研究出一种方法，可以在距离目标 15 米的范围内入侵心脏起搏器，并让起搏器释放出足以令人死亡的 830 伏电压。

> **大东**　哦，这位天才黑客就是我们刚刚谈到的巴纳比·杰克呀。

> **小白**　怎么？东哥，难道你还知道他的精彩故事？

> **大东**　没错，他还曾经发现过胰岛素泵的安全漏洞，并演示了如

何在 90 米远的地方把胰岛素推升到致命的水平。万幸的是，在研究发现之后，他便与美国食品药品监督管理局以及医疗设备制造商合作修复了他所发现的安全漏洞。

小白　看来，这个安全漏洞已经严重到威胁生命的程度啦。

大东　没错，漏洞不仅仅会威胁到个人生命，它也会像游戏中的黑客一样影响一个国家的经济、生活。

小白　这么可怕！有什么例子可以列举吗？

大东　在游戏中，玩家可以让城市大范围停电，这样的情节在现实中也有发生，2019 年 3 月，委内瑞拉大规模停电事件极大地影响了人们的生活。

小白　那这是什么原因导致的呢？

大东　停电事件后，有专家分析了这次事故中网络攻击手段的 3 种类型：利用电力系统的漏洞植入恶意软件，发动网络攻击干扰控制系统引起停电，干扰事故后的维修工作。

小白　这次事件肯定会让委内瑞拉处于崩溃的边缘，互联网、通信、水和公共交通岂不全部受到影响？

大东　是的，这件事情也告诉我们，网络安全建设并非一蹴而就，国家基础设施等同于国家的命脉，因此网络安全务必落实到位。

小白　那如果我们通过摄像头来监视有犯罪嫌疑的黑客，生活中类似的事件是否就会减少呢？

大东　小白，你想得还是不够全面。其实关于摄像头安全的相关问题在现实生活中也非常常见。用现成的扫描软件就能轻易获取到大量弱口令的摄像头 IP 地址，入侵摄像头的技术门槛非常低，被入侵的摄像头遍布全球。

小白　摄像头居然这么不安全！

大东　Seebug 漏洞平台收录了一篇基于 GoAhead 系列摄像头的多个漏洞的文章。该文章由皮埃尔·金在博客上发表，披露了存在于 1250 多个摄像头型号中的多个通用型漏洞。事后证明，该漏洞是由于厂商二次开发 GoAhead 服务器产生的。利用该漏洞可以成功获取摄像头的最高权限 。

小白　造成摄像头安全性如此之差的原因是什么？

大东　造成这个漏洞的原因是组件重用。因为嵌入式设备固件在开发过程中可能会使用第三方的开源工具或通用软件，这些通用软件又通常由某一特定厂商研发，这就导致很多设备固件存在同源性，不同品牌的设备可能使用相同或者类似的固件以及包含相同的第三方库。

小白　突然觉得自己好天真，我还是太年轻了。

NO.3 小白内心说

大东　黑客攻击手段千千万，达成目的第一条。小白，计算机数据被破坏，你知道是什么原因吗？

小白　那一定是黑客攻击啦。

大东　也对，但也不对。计算机数据被破坏的原因有很多种，除了你说的黑客攻击，还有病毒感染、自然灾害、系统管理员或维护人员误操作等。

小白　看来黑客攻击只是影响网络安全的一小部分呢。

大东 那当然，不过在网络安全领域黑客做得也够多啦。例如通过网络监听、暴力破解、社工撞库来非法获取关键账户口令。

小白 我们的生活中存在哪些有网络安全风险的行为呢？

大东 这可有很多，例如家用的无线路由器使用默认的用户名和密码；在多个网站注册的账号和密码都一样；在网吧的计算机上进行网银转账；使用可以自动连接其他 Wi-Fi 的手机应用软件。

小白 注重生活点滴，保护自身安全呐！

思维拓展

1. 黑客世界中，有 3 顶帽子的说法，那么白帽黑客是什么呢？请简要说明。

2. 请简述一个黑客谋杀的案例。

"屈指西风几时来，流年暗中偷换。"

2018 年，"大东话安全"已在互联网上拥有一定的影响力，适值木落雁渡、江风乍寒的时节。彼时的愿景，宛若孩提般纯粹静谧，只想赖在偶得阳光斜睨的午后，任思绪恣意驰骋，已堪快然自足。古之圣人立言，于我辈后生，不过初心。在微信公众号中科院之声发声的初衷，也是为了践行圣贤教诲，联动"金石计划"的网安培训课程体系，惠及更多网安爱好者。

然笔耕多年，集结了整个团队的努力，《白话网络安全》也随之面世。经过时间的洗礼，整个团队不仅没有江郎才尽的迹象，反而文思泉涌。有人说，不忘初心很难。的确，有时候遗忘可以如释重负，但更难能可贵的是背负着理想砥砺前行。时常想起谭嗣同对梁启超说的那句，"君行其难，我行其易"。其实，无论难易，只要能够坚守初心，这道路，就值得走。

以文字为载体，把网络安全生态系统全貌和盘托出，便是"大东话安全"团队的初心。"别人怀宝剑，我有笔如刀"——文字的力量，可以化大象为无形，可以覆艨艟于微澜。文字和网络安全科普的融合，已经内化为"大东话安全"团队的信仰。

本书绝对不是"大东话安全"团队出版物的绝响，而是一个崭新的开端。本书为广大高校师生、中小学生以及社会上的网络安全爱好者能够百尺竿头更进一步而开辟的蹊径，使其更方便学习（尤其是自学）。我们的愿景是打造网络空间安全领域的百科全书，给行业从业人员和网安爱好者以启迪，承担促进我国网安领域涌现大师级人才的使命。配合着其他多媒体学习方式，如"大东话安全"的抖音小视频、中科院之声的"大东话安全"专栏科普文章等，团队会竭尽所能，将网络安全科普学习的最佳途径呈现给所有的读者，让读者在网络安全知识学习的道路上走最捷的径，搭最快的车。

对于同类科普团队的意见和建议，我们如获至宝，虚己以听；对于广大读者的每一点收获，我们相视而笑，莫逆于心。仔细想来，这一路堪称荆棘丛生，好在倚仗团队的通力协作，重重困难被各个击破，那些外人看不到的艰辛此刻也化作甜美的回忆。"铁肩担道义，妙手著文章。"肩扛网络安全科普旗帜的"大东话安全"团队在未来一定会继续坚持公益事业，不忘初心，砥砺前行，配合"天蛛"等超大科学装置的建设，整合资源，为网安科普事业做出更大的贡献。衷心祝愿本书与读者萤雪常伴，流光皎洁。